BIBLIOTHÈQUE DU JARDINIER

PUBLIÉE

AVEC LE CONCOURS DU MINISTRE DE L'AGRICULTURE

ARBRISSEAUX ET ARBUSTES

D'ORNEMENT

DE PLEINE TERRE

Par A. DUPUIS

PARIS

LIBRAIRIE AGRICOLE DE LA MAISON RUSTIQUE

26, RUE JACOB, 26

BIBLIOTHÈQUE DU JARDINIER

PUBLIÉE

AVEC LE CONCOURS DU MINISTRE DE L'AGRICULTURE

ARBRISSEAUX ET ARBUSTES

D'ORNEMENT

Paris — Imprimerie de Cusset et Ce, rue Racine, 26.

RIBLIOTHÈQUE DU JARDINIER

PUBLIÉE

AVEC LE CONCOURS DU MINISTRE DE L'AGRICULTURE

ARBRISSEAUX ET ARBUSTES

D'ORNEMENT

DE PLEINE TERRE

PAR

A. DUPUIS

MEMBRE DE LA SOCIÉTÉ LINNÉENNE DE BRUXELLES,
DE L'ACADÉMIE ROYALE D'AGRICULTURE DE TURIN, ETC.

OUVRAGE ORNÉ DE 25 GRAVURES

PARIS

LIBRAIRIE AGRICOLE DE LA MAISON RUSTIQUE

26, RUE JACOB, 26

ARBRISSEAUX ET ARBUSTES

D'ORNEMENT

CHAPITRE I

CONSIDÉRATIONS GÉNÉRALES

I. — INTRODUCTION.

Arbre, *arbrisseau*, *arbuste*, telles sont les trois catégories que l'on s'accorde généralement à reconnaître parmi les végétaux ligneux, et que l'on définit de la manière suivante.

L'*arbre* s'élève à 5 mètres au moins ; il présente une tige nue dans sa partie inférieure et qui ne se ramifie qu'à une certaine hauteur : tels sont le platane, le cèdre, etc.

L'*arbrisseau* varie dans sa taille de 1 à 5 mètres ; il se ramifie le plus souvent dès sa base, et ses rameaux portent des bourgeons écailleux : tels sont le fusain, le lilas, etc.

L'*arbuste* atteint tout au plus la hauteur d'un mètre ; il se ramifie dès sa base, mais ses rameaux sont dépourvus de bourgeons écailleux : tels sont la lauréole, le romarin, etc.

Cette division, assez commode dans la pratique, est loin d'offrir la rigueur suffisante pour être acceptée comme fait scientifique. Les limites entre les trois groupes que nous venons de nommer sont fort difficiles à établir, ou plutôt il n'existe pas de ligne de démarcation entre eux. D'autre part, une même espèce peut, suivant le climat, le sol ou le mode de culture, passer par ces divers états ; il suffit de citer comme exemple le buis ou l'alaterne.

Aussi, savants et praticiens sont-ils loin d'être d'accord sur le sens à donner aux mots *arbre*, *arbrisseau* et *arbuste*. Le premier est, en général, assez bien défini, et son acception est assez nettement tranchée. Quant aux deux autres, ils sont fréquemment confondus, surtout dans le langage ordinaire.

Quoi qu'il en soit, nous réunirons ici, sous le titre collectif d'*arbrisseaux* et *arbustes*, tous les végétaux ligneux de petite taille. Mais nous n'aurons pas à les décrire tous, et nous allons déterminer, en procédant par des exclusions successives, ceux de ces végétaux qui doivent faire l'objet de notre étude.

D'abord, nous n'avons à considérer que les arbrisseaux et arbustes d'ornement; il est vrai que ce cadre est très-élastique et peut s'étendre en quelque sorte indéfiniment. On peut dire qu'il n'est pas un seul végétal ligneux qui ne soit susceptible de contribuer pour sa part, si grande ou si petite qu'elle puisse être, à l'effet décoratif d'un jardin ou d'une plantation d'agrément. Toutefois, comme le nombre de ces végétaux est très-considérable, et qu'il serait à peu près impossible de les réunir tous, il y a lieu de faire un choix des espèces les plus remarquables, en laissant de côté celles qui ne se recommandent pas suffisamment par leur valeur ornementale.

Un grand nombre de végétaux ligneux ne peuvent croître en plein air sous nos climats; on ne peut les conserver que dans une serre chaude, tempérée ou froide, ou tout au moins en les abritant, durant l'hiver, en orangerie ou sous châssis.

Il est des arbrisseaux et arbustes qui présentent des exigences spéciales sous le rapport du sol; il leur faut cette nature de terre bien connue sous le nom de *terre de bruyère:* telles sont la plupart des espèces qui composent la famille des éricinées.

Les conifères ou arbres résineux, par leur mode de

végétation et de culture, forment encore un groupe à part.

Enfin, il est des espèces arbustives que leurs tiges ou leurs rameaux volubiles appellent à jouer un rôle tout particulier dans les jardins; ils rentrent dans la catégorie des plantes grimpantes.

Tous les groupes que nous venons d'indiquer doivent faire l'objet de volumes spéciaux de cette bibliothèque.

Ces exclusions opérées, il est aisé maintenant de bien fixer le cadre et les limites de notre étude. Nous avons à nous occuper de la majeure partie des arbrisseaux et arbustes rustiques de plein air, en d'autres termes de ceux qui peuvent se passer d'abri dans presque toute l'étendue du territoire français.

A cet égard, on peut prendre pour type le climat de Paris, en tenant moins compte des régions par trop froides, où le nombre des végétaux de plein air se réduit à bien peu de chose; la région alpine, par exemple, est tout à fait exceptionnelle.

Nous admettons aussi quelques espèces, très-ornementales, un peu délicates sans doute pour les climats du nord, mais qu'on peut, dans la plupart des cas, conserver en plein air, au moyen de certaines précautions, telles qu'une exposition bien choisie, ou bien encore une simple couverture de feuilles durant l'hiver.

II. — RÔLE DÉCORATIF DES ARBRISSEAUX.

Les arbustes et arbrisseaux d'ornement se recommandent à plusieurs titres pour la décoration des jardins; il importe de tenir compte de leurs mérites divers, pour les mettre à la place qu'ils doivent occuper si l'on veut qu'ils produisent tout leur effet décoratif.

Nous signalons en premier lieu cette chose presque indéfinissable, qu'on appelle le *port de la plante*. Ce port résulte de la disposition relative, du développement, de la forme, etc. des diverses parties du végétal. Il donne à celui-ci sa physionomie particulière, qui permet de le reconnaître de loin.

Les grands arbrisseaux, dont la tige est nue à la base, et qui peuvent ainsi être considérés comme de petits arbres, diffèrent beaucoup à cet égard des arbrisseaux de taille moindre, et des arbustes qui se ramifient au niveau du sol ; ces derniers sont fréquemment désignés sous le nom de *buissons*.

Une des choses qui influent le plus sur le port du végétal, c'est la direction des rameaux ; ceux-ci peuvent être verticaux, obliques, étalés ou pendants. La longueur relative des divers étages de branches imprime aussi une forme particulière à la cime du sujet, et concourt ainsi à modifier son port.

Les rameaux contribuent souvent à l'effet ornemental de l'arbrisseau ; tantôt c'est par leur couleur, comme dans le cornouiller sanguin, tantôt par leur forme aplatie et foliacée, comme dans le fragon. Mais dans ce dernier cas on peut, du moins quant aux applications pratiques, les assimiler aux feuilles.

Le port n'a pas, dans les arbustes et les arbrisseaux, l'importance qu'il présente dans les arbres ; il doit néanmoins être pris en sérieuse considération, lorsqu'il s'agit de grouper les espèces dans les massifs, ou de les planter isolément sur les pelouses, les terrains accidentés, dans les rocailles ou au bord des eaux.

C'est surtout pour les plantations isolées que l'on doit tenir compte de la forme naturelle du végétal. En général, cette forme doit être élégante et assez régulière, mais sans roideur.

Du reste, on peut modifier le port d'un grand nombre d'espèces, à l'aide de la taille. On sait que certains végétaux se prêtent très-docilement à cette opération, au point qu'on peut leur imposer les formes les plus bizarres. Le buis en présente un exemple bien connu.

Mais la taille ne doit avoir pour but que de régulariser, dans certaines limites, le développement d'un arbrisseau, et nullement de lui infliger une forme contre nature.

Le feuillage occupe une place importante, la première peut-être, parmi les éléments décoratifs des végétaux ; non qu'il soit aussi brillant ou aussi varié que la fleur, mais parce qu'il a un rôle plus étendu et plus durable. Que de plantes, recherchées avec juste raison, qui n'ont d'autre mérite que leur seul feuillage !

La forme des feuilles présente une incroyable variété ; mais en général on s'arrête peu à ce caractère. Il faut que la feuille soit de grande dimension, de figure très-caractéristique, en un mot qu'elle frappe l'œil tout d'abord, pour qu'elle joue un rôle de quelque importance, en tant qu'élément isolé.

Ainsi, la feuille peut offrir une large surface à bords entiers, ou bien être délicatement découpée en quelque sorte à l'infini, ou bien encore présenter tous les intermédiaires possibles entre ces deux termes extrêmes. On comprend dès lors qu'elle puisse, dans bien des cas, imprimer au végétal un cachet tout particulier.

Mais en général, ce qui frappe dans le feuillage, c'est cette masse plus ou moins touffue de verdure qui pendant une grande partie de l'année, souvent d'une manière permanente, plaît à l'œil, soit par ses nuances claires ou intenses, soit en servant de fond aux teintes plus nombreuses encore des fleurs.

On sait en effet que la couleur dominante, on pourrait dire normale, du feuillage, est le vert, et que la face inférieure des feuilles est presque toujours d'une teinte plus pâle que la supérieure. Mais que de nuances dans cette seule couleur ! Il serait difficile de s'en faire une idée, quand on n'a pas soigneusement, minutieusement observé la gamme de tons que présente un massif formé d'essences variées. Même dans une seule espèce, suivant les diverses époques de la végétation, les organes foliacés passent, par des degrés insensibles, du vert clair ou tendre au vert foncé. Souvent aussi le vert affecte une teinte bleuâtre, et constitue alors le vert glauque.

D'autres fois la nuance du fond est agréablement modifiée par les poils touffus ou clair-semés, qui forment à la surface de la feuille un duvet soyeux ou laineux, blanchâtre, satiné ou d'aspect métallique. L'argousier, le saule blanc en présentent des exemples familiers. Les efflorescences de nature cireuse qu'on observe chez d'autres végétaux jouent un rôle analogue.

Mais tous les arbrisseaux ou arbustes n'ont pas un feuillage vert. Il en est, et le nombre en augmente tous les jours, dont les feuilles sont colorées de teintes rouges, brunâtres ou cuivrées, d'autres encore dont le feuillage est diversement panaché de blanc ou de jaune.

Enfin, on sait que bien des essences à feuillage vert changent de couleur à l'automne, et que leurs feuilles, avant de tomber, affectent des nuances très-variées et souvent très-éclatantes. Qui n'a remarqué alors la belle teinte rouge du sumac de Virginie?

On comprend sans peine les heureux effets que l'on peut obtenir par le contraste de tous ces feuillages, si l'on a soin de grouper convenablement les espèces de manière à ce que les nuances les plus contrastantes se fassent mutuellement ressortir dans les massifs.

Ainsi, les arbrisseaux à feuillage d'un vert clair ou panaché de blanc ou de jaune doivent se détacher sur un fond sombre.

Ainsi encore, les espèces dont les feuilles présentent les diverses nuances du rouge ou du brun produiront bien plus d'effet, si elles sont placées isolément sur les pelouses.

Enfin, un dernier caractère à considérer dans le feuillage, c'est sa durée. A cet égard, les végétaux peuvent se grouper en deux grandes divisions, suivant qu'ils ont les feuilles caduques ou persistantes. Ces derniers, dits *arbres verts*, ne sauraient être trop multipliés dans les jardins, et il est à peine besoin d'ajouter qu'ils forment la garniture obligée des bosquets d'hiver ; la famille des conifères fournit ici un riche contingent.

Il va sans dire que cette expression de *feuillage persistant* ne saurait être prise dans un sens absolu. Les feuilles qu'on désigne ainsi n'ont pas en effet une durée indéfinie ; elles tombent, comme les autres, au bout d'un temps plus ou moins long, mais qui n'est jamais inférieur à une année, et seulement lorsque de nouvelles feuilles viennent les remplacer. Celles qui se conservent ainsi pendant tout l'hiver et ne tombent qu'au printemps suivant sont dites *semi-persistantes*. On comprend que, sous un climat doux et à une exposition chaude, les végétaux qui les portent ne sont jamais complétement dégarnis et jouent un rôle analogue à celui des arbres toujours verts.

La fleur forme, dans les arbrisseaux comme dans toutes les autres plantes, la plus haute expression de la beauté. Nous n'entreprendrons pas d'énumérer les variations que présentent les espèces cultivées, sous le rapport du nombre, de la dimension, de la nuance, de l'époque et de la durée de la floraison. On désigne sous le nom de *remontantes* les espèces qui, après avoir fleuri au printemps ou au commencement de l'été, refleurissent à l'automne. Le mode de culture et surtout la taille influent beaucoup sur la richesse de la floraison. On doit, dans les plantations d'agrément, choisir les essences de manière à avoir des fleurs pendant la plus grande partie de l'année.

Enfin, certains arbrisseaux ont des fruits de couleurs éclatantes et qui persistent pendant l'hiver ; il suffit de citer le sorbier des oiseleurs, le buisson ardent, le houx, le fragon, etc. Ces fruits sont en réalité les fleurs de l'hiver.

Ainsi, port, feuillage, fleurs, fruits, tels sont les éléments de beauté qui se trouvent isolés ou réunis sur un arbrisseau.

Un mérite d'un autre ordre, c'est l'odeur agréable qu'exhalent un certain nombre d'espèces. Nous aurons soin d'indiquer les arbrisseaux à feuilles et à fleurs odorantes, qui ne peuvent qu'ajouter aux plantations ornementales un nouvel agrément.

III. — DONNÉES CLIMATOLOGIQUES.

Tous les végétaux ligneux cultivés dans les jardins ne présentent pas le même degré de rusticité, et par suite ils sont loin de convenir également à tous les climats. A cet égard, il est difficile d'établir des catégories bien tranchées. L'exposition, la nature du sol, le voisinage et la disposition des forêts, des montagnes, des rochers, des constructions mêmes ou des simples plantations, en un mot des abris de toute sorte, naturels ou artificiels, varient d'un endroit à l'autre, et souvent dans des limites très-rapprochées.

On peut toutefois distinguer en France trois grandes divisions territoriales, qu'on pourrait appeler la *région chaude*, la *région tempérée* et la *région froide*.

La première, qui comprend le littoral de la Méditerranée française et la vallée du Rhône, est la plus favorisée à cet égard. Bien que les hivers y soient souvent assez rigoureux, les froids n'y sont pas de longue durée; la température de l'été y est très-élevée; la disposition orographique du pays le protége contre les vents du nord et laisse l'accès libre aux vents du midi.

D'un autre côté, la chaleur du climat et la rareté des pluies durant la belle saison font qu'on n'a jamais à craindre que le sol conserve un excès d'humidité si nuisible à la végétation.

La région du sud-est convient donc, non-seulement à tous les végétaux ligneux décrits dans ce livre, mais encore à un grand nombre d'autres qui, dans la majeure partie du territoire, ne peuvent, pendant l'hiver, se passer d'un abri efficace. Ces végétaux, dont nous n'avons pas à parler ici, seront décrits dans le volume relatif aux plantes d'orangerie ou de serre tempérée.

La région tempérée comprend l'ouest, le sud-ouest et le

nord-ouest de la France, en d'autres termes, le littoral de
l'Océan et de la Manche, avec la majeure partie des provinces limitrophes. Elle présente une uniformité de température plus grande qu'on ne serait tenté de le croire si l'on
ne tenait compte de la différence des latitudes. Les étés y
sont moins chauds que dans la première et même que dans
la troisième région ; par contre, les hivers y sont beaucoup
plus doux. Aussi voit-on bon nombre d'espèces méridionales réussir jusqu'aux environs de Cherbourg.

Ici le pays est généralement abrité contre les vents froids
de l'est, tandis qu'il est au contraire largement ouvert aux
vents d'ouest, qui sont chauds et humides. Cette humidité
supplée à la sécheresse que présente le sol dans une grande
partie de cette région, occupée par des landes sablonneuses.

La région tempérée convient surtout aux essences à
feuilles persistantes, dont la végétation se continue, d'une
manière plus ou moins active, pendant toute l'année. Mais
les espèces à feuillage délicat sont souvent incommodées
par le vent de la mer.

La région froide, que nous appelons ainsi seulement par
comparaison avec les deux autres, comprend le nord et le
nord-est, avec les provinces du centre qui les avoisinent.
Soustraite presque entièrement à l'influence des courants
marins, cette région présente un climat *excessif* (suivant
l'expression des météorologistes) , c'est-à-dire très-chaud
en été, mais très-froid en hiver. Elle est abritée contre les
vents de l'ouest et du sud, et pleinement exposée à ceux
du nord et de l'est. Les pluies y sont abondantes et se ré-
partissent dans les diverses saisons de l'année ; aussi la
proportion d'humidité y est-elle assez considérable.

Cette région, évidemment la moins favorisée, a pourtant
quelques avantages spéciaux. Elle convient surtout aux végétaux à feuilles caduques, dont la végétation est suspendue pendant l'hiver ; les espèces des contrées septentrio-
nales ou alpines y végètent en général mieux qu'ailleurs.
Mais l'été arrivant plus tard et l'hiver plus tôt, la période de
végétation y est plus courte. C'est surtout dans cette région

que l'on doit rechercher les essences florifères qui, grâce à la température élevée des étés, contribuent pour une large part à l'ornementation des bosquets.

Les trois grandes divisions que nous venons d'indiquer ne s'appliquent qu'aux pays de plaine. Il reste encore la région, ou plutôt les régions des montagnes. On sait, en effet, qu'à mesure qu'on s'élève vers les hauts sommets, on voit la température moyenne baisser progressivement et dans la même proportion que si l'on s'avançait vers le pôle. Il s'ensuit des changements très-notables dans la végétation, de telle sorte qu'en montant sur un pic élevé, on croirait passer successivement par les trois régions climatériques décrites ci-dessus.

La transition serait même plus sensible et plus brusque sur le versant du nord que sur celui du midi.

Ainsi, à mesure qu'on s'élève, les conditions deviennent de moins en moins favorables; mais cette infériorité est compensée, dans une certaine limite, par la présence d'un certain nombre d'arbrisseaux, qui trouvent ici les circonstances les plus propices à leur végétation. Ces sont les espèces dites *alpines*, dont plusieurs auront leur place dans ce volume, mais qui appartiennent pour la plupart à la catégorie des *plantes de terre de bruyère*.

La nature du sol influe beaucoup sur la distribution géographique des végétaux spontanés. Mais cet élément a une bien moindre importance quand il s'agit des plantes cultivées. D'un côté, la majeure partie des végétaux ligneux se contente de ce qu'on appelle en agriculture *une bonne terre franche ;* de l'autre, il est presque toujours très-facile, surtout quand on opère sur une échelle restreinte, comme dans un jardin d'agrément, de modifier par places la nature des terrains, de manière à pouvoir y réunir les végétaux qui montrent les exigences les plus diverses.

Une autre circonstance dont il faut tenir grand compte, c'est le degré d'humidité du sol ou de l'atmosphère. En général, les arbrisseaux à floraison ornementale s'accommodent mieux d'un milieu sec. Les espèces cultivées pour leur feuillage préfèrent au contraire une dose plus ou moins grande d'humidité. On comprend sans peine que celle-ci atteint son maximum au bord des eaux courantes ou stagnantes et dans les fonds marécageux. Un certain nombre d'espèces semblent spécialement affectées par la nature à ce genre de station.

Enfin, l'exposition ne saurait être prise en trop sérieus considération. Certaines essences demandent une exposition chaude et une vive lumière; d'autres semblent rechercher l'ombre et la fraîcheur. Il en est qui ne redoutent pas les grands vents et dont le feuillage plus ou moins agité produit par cela même un plus grand effet; d'autres sont très-sensibles aux moindres courants atmosphériques et doivent par conséquent être placés dans les parties les plus abritées. Du reste, ici encore on peut dire qu'il y a des espèces pour toutes les situations.

Nous allons maintenant énumérer les arbrisseaux et arbustes d'ornement, divisés en deux grandes catégories d'après leur feuillage caduc ou persistant. Chacun de ces groupes sera ensuite subdivisé suivant l'ordre des familles naturelles; cette méthode présente l'avantage de rapprocher entre eux les genres qui présentent la plus grande analogie dans la végétation, le feuillage, les fleurs ou les fruits, et aussi dans les exigences et le mode de culture, objets qui ne sauraient être négligés dans un travail essentiellement pratique.

CHAPITRE II

ARBRISSEAUX ET ARBUSTES A FEUILLES CADUQUES

Renonculacées.

Pivoine en arbre (*Pæonia Moutan*). Cette superbe plante, originaire de la Chine, forme des touffes rameuses, buissonnantes, arrondies, à feuilles bipennées, à folioles découpées, d'un vert glauque, surtout en dessous, sur lesquelles se détachent d'énormes fleurs, doubles ou semi-doubles, offrant toutes les nuances du blanc au rose et au carmin violacé, avec de nombreuses étamines d'un jaune d'or. Les pivoines rose (*P. rosea*) et à fleurs de pavot (*P. papaveracea*) sont regardées comme de simples variétés de la précédente. Ces trois types ont produit un assez grand nombre de sous-variétés.

La pivoine en arbre atteint la hauteur de 2^m.50 ; les grands sujets, isolés sur les pelouses, font un très-bon effet. Ceux de taille moins élevée servent à faire de beaux massifs. Cette espèce est rustique, et s'accommode de toutes les expositions. Elle fleurit en avril et mai.

Anonacées.

L'asiminier trilobé (*Asimina triloba*) forme un arbrisseau de 2 à 5 mètres, à feuilles obovales, lancéolées, aiguës ; en mai apparaissent ses fleurs d'un pourpre violacé ou brunâtre, auxquelles succèdent des fruits ovoïdes, vert jaunâtre odorants. Les asiminiers à grandes fleurs (*A. grandiflora*) et à petites fleurs (*A. parviflora*) s'en distinguent, outre le caractère que rappelle leur nom, par leurs feuilles pubescentes en dessous. Ces arbrisseaux, originaires de l'Amérique du Nord, sont rustiques, et végètent très-bien dans une terre meuble, mais substantielle.

Berbéridées.

Épine-vinette (*Berberis vulgaris*). Cet arbrisseau est indigène; il forme un buisson assez touffu, dont les tiges, hautes de 1ᵐ.50 à 2 mètres, ont des feuilles d'un beau vert, et des fleurs petites, d'un jaune d'or, en longues grappes pendantes. Les fruits, d'un rouge vif, contribuent à rendre la plante ornementale, même après la floraison. On possède des variétés à fleurs pourprées, et à fruits violets, d'autres à gros fruits. L'épine-vinette convient pour les bosquets ou pour les massifs, où on la place au second rang. Elle est rustique, et croît à toute exposition.

On cultive encore les épines-vinettes de Chine (*B. Sinensis*) et du Canada (*B. Canadensis*), peu différentes de celle d'Europe; de Crète (*B. Cretica*), à fleurs moins nombreuses et à fruits noirs; à ombelles (*B. umbellata*), de l'Himalaya, dont les fleurs affectent la disposition qu'indique le nom de l'espèce; pétiolaire (*B. petiolaris*), du Népaul, à fleurs plus grandes et à feuilles longuement pétiolées.

Toutes ces espèces sont à peu près aussi rustiques que la première et susceptibles des mêmes emplois:

Capparidées.

Le câprier (*Capparis spinosa*) est un arbrisseau à rameaux dressés ou retombants, longs de 1 à 2 mètres, portant des feuilles arrondies, d'un vert glauque; ses belles et grandes fleurs blanches se montrent depuis mai jusqu'en juillet. On possède une variété à feuilles panachées. Originaire du midi de l'Europe, le câprier est délicat pour les climats du nord; il demande un terrain sec et pierreux, une exposition chaude. Dans les grands froids, il faut couvrir de litière épaisse et sèche le pied et le bas des rameaux. Cet arbrisseau convient surtout pour orner les rocailles et les terrains en pente rapide.

Cistinées,

Les cistes (*Cistus*) se font particulièrement remarquer par la beauté et la délicatesse de leurs fleurs, qui n'ont que le défaut de passer trop vite. Bien que ces arbustes appartiennent surtout aux régions méridionales, on peut, sous le climat de Paris, les risquer en plein air, dans un terrain léger et sec, à une exposition chaude, et avec une couverture de feuilles durant l'hiver. Nous citerons, entre autres, les cistes ladanifère (*C. ladaniferus*) à grandes fleurs blanches, à fond rouge brunâtre (fig. 1); à feuilles de laurier

Fig. 1. Ciste ladanifère.

(*C. laurifolius*), à pétales d'un beau blanc ; pourpré (*C. purpureus*), à fleurs rouges ; de Crète (*C. Creticus*), à corolles d'un beau rose pourpre, etc.

Malvacées.

La ketmie de Syrie (*Hibiscus Syriacus*), vulgairement *Althæa* ou *Mauve en arbre*, est un arbrisseau de 2 à 3 mètres, à rameaux nombreux et dressés, portant des feuilles ovales, lobées et dentées, et de grandes fleurs, pourpres dans le type, qui apparaissent en été. Cette espèce a produit de nombreuses variétés, à feuilles panachées, à fleurs simples ou doubles, offrant toutes les nuances du blanc au rose, au rouge ou au violet, quelquefois panachées. Cet arbrisseau croît partout, mais il préfère une exposition chaude. Très-docile à la taille, il prend aisément les formes qu'on veut lui donner ; on peut en tirer un bon parti pour orner les pelouses, les massifs ou les bosquets.

La lavatère en arbre (*Lavatera arborea*) est un arbuste d'environ 2 mètres, à feuilles larges, cotonneuses blanchâtres, à fleurs grandes, pourpre violacé, semblables à celles des mauves et groupées en panicules. Cette espèce est originaire du midi de la France, où on la connaît sous le nom de *mauve en arbre*. Elle réussit très-bien aussi dans l'ouest ; mais sous le climat de Paris, il faut l'abriter pendant l'hiver. Elle produit un bel effet par ses grandes fleurs, qui se succèdent durant tout l'été.

Camelliacées.

La stuartie monostyle (*Stewartia malacodendron*) est un arbrisseau de 2 mètres, à feuilles grandes, ovales, aiguës ; en juin et juillet, il porte des fleurs blanches, à bords frangés, maculées et rayées de pourpre et très-odorantes. La stuartie à cinq styles (*S. pentagyna*) s'en distingue par sa taille plus petite, ses feuilles velues en dessous et ses fleurs plus grandes, teintées de vert jaunâtre en dehors. Ces deux arbrisseaux, originaires de la Virginie, sont assez rustiques jusque sous nos climats du nord, pourvu qu'on les place à une exposition abritée et ombragée.

Hippocastanées.

Le pavia à gros épis (*Pavia macrostachya*), originaire du sud des États-Unis, est un arbrisseau buissonneux, de 2 à 3 mètres. Ses feuilles rappellent celles du marronnier d'Inde. En juillet, il porte de longues panicules de fleurs blanches, veinées de jaune. Il est assez rustique, et fait bien surtout isolé. Malheureusement, il perd ses feuilles de très-bonne heure. Le pavia rouge (*P. rubra*) atteint la même dimension ; mais sa variété naine ne dépasse pas un mètre ; il a produit du reste plusieurs autres variétés, à rameaux pleureurs, à feuilles couleur de rouille, etc. Il convient mieux que le précédent pour les massifs.

Le pavia de Californie (*P. Californica*) atteint 3 à 5 mètres, et forme, quand il est abandonné à lui-même, un énorme buisson très-rameux, arrondi et compacte. Ses grandes feuilles ont des folioles d'un vert sombre en dessus, d'un vert blond en dessous. Ses fleurs blanches, quelquefois blanc rosé ou violacé, en panicules compactes, s'épanouissent vers a fin d'avril et répandent une odeur agréable. Le fruit est gros, vert grisâtre, et ressemble assez à une figue. Cette espèce, récemment introduite, est celle qui conserve le plus longtemps ses feuilles en automne ; elle est d'ailleurs suffisamment rustique, et fait bien, soit isolée, soit dans les massifs.

Zanthoxylées.

Le ptéléa trifolié (*Ptelea trifoliata*), vulgairement *Orme de Samarie*, est un grand arbrisseau ou un petit arbre buissonneux, dépassant rarement 3 à 4 mètres ; son feuillage est élégant, mais d'un vert pâle ; à ses fleurs bleu verdâtre succèdent des fruits membraneux et ailés, pareils à ceux de l'orme. En réalité, cette essence n'est pas très-ornementale ;

mais, comme elle est rustique et vient bien à l'ombre, on l'emploie avec avantage pour garnir les vides sur la lisière des bosquets ou des grands massifs.

Staphyléacées.

Le staphylier à feuilles pennées (*Staphylea pinnata*), grand arbrisseau de 3 à 4 mètres, a un feuillage qui rappelle celui du noyer; des fleurs blanches, très-odorantes, paraissant en avril et mai; des fruits nombreux, renflés, vésiculeux, très-remarquables. Le staphylier de Colchide (*S. Colchica*) a des fleurs plus grandes et plus tardives. Le staphylier trifolié (*S. trifoliata*), de l'Amérique du Nord, un peu plus petit que les précédents, a des capsules plus grosses. Ces arbrisseaux viennent dans tous les sols; toutefois le second est un peu plus exigeant. Ils font très-bien dans les massifs, mais on peut aussi les planter isolés.

Célastrinées.

Le fusain d'Europe (*Evonymus Europæus*) est un arbrisseau de 3 à 4 mètres, à fleurs verdâtres. Le fusain à larges feuilles (*E. latifolius*) n'en forme probablement qu'une variété. Le fusain d'Hamilton (*E. Hamiltonianus*), du Népaul, se distingue de loin à son écorce blanche. Les fusains verruqueux (*E. verrucosus*) et pourpre foncé (*E. atropurpureus*) ont des fleurs rougeâtres. Les fusains se recommandent surtout par leurs fruits, appelés *bonnet de prêtre* à cause de leur forme bizarre, et variant du blanc au rouge. Ils sont rustiques et conviennent aux massifs. Malheureusement leur feuillage est sujet à être attaqué par les insectes.

Rhamnées.

Le paliure épineux (*Paliurus aculeatus*), vulgairement *argalou, épine du Christ*, est un arbrisseau buissonneux, rarement arborescent, à rameaux grêles, flexueux, étalés; à feuilles ovales, glabres, finement dentées, d'un beau vert; ses fleurs sont petites et jaunes; la forme singulière de ses fruits leur a valu le nom de *chapeau d'évêque*. Cet arbrisseau est rustique et prospère dans les sols les plus arides, mais secs et chauds. Il croît dans les lieux incultes du midi de l'Europe, où on l'emploie souvent pour faire des haies. Il est peu répandu dans les jardins du nord.

Les nerpruns (*Rhamnus*) à feuilles caduques n'ont en général qu'une médiocre importance dans les plantations d'agrément. Toutefois, comme ils sont rustiques, peu exigeants pour le sol et croissent bien à l'ombre ou sous le couvert des grands arbres, on peut en faire des massifs, sur la lisière des bois, dans les grands parcs et les jardins paysagers. Nous nous contenterons de nommer la bourdaine ou bourgène (*R. frangula*), les nerpruns purgatif (*R. catharticus*), des teinturiers (*R. infectorius*), des Alpes (*R. Alpinus*), à feuilles d'aune (*R. alnifolius*) et nain (*R. pumilus*).

Le céanothe d'Amérique (*Ceanothus Americanus*) est un arbrisseau de 1 à 2 mètres, à tiges grêles, à rameaux rougeâtres, à feuilles ovales-oblongues, et à fleurs blanches se succédant pendant tout l'été. Le céanothe de Desfontaines (*C. Fontanesianus*) est plus petit dans toutes ses parties. Le céanothe de Delile (*C. Delilianus*) a des fleurs d'un bleu pâle, des feuilles larges, pubescentes en dessous, presque persistantes. Ces arbustes, qui font un bel effet par leurs fleurs, groupées en panicules ou en cyme, se placent dans les parties abritées des massifs. Ils sont vigoureux et s'accommodent des plus mauvais sols, mais viennent mieux en terre légère.

Le pomadéris à feuilles de phylique (*Pomaderris phylicifolia*) est un arbuste de 1 mètre à 1^m,50, à rameaux grêles, à feuilles linéaires, velues, blanches en dessous; ses fleurs petites, blanc jaunâtre, en grappes axillaires et terminales, s'épanouissent en mai et juin. On cultive aussi les pomadéris apétale (*P. apetala*), discolore (*P. discolor*), velouté (*P. velutina*), et quelques autres espèces, qui se recommandent surtout par leur beau feuillage. Ces arbrisseaux, originaires de l'Australie, sont assez délicats pour le climat de Paris. Ils demandent une terre substantielle, meuble et fraîche, une exposition abritée et une couverture de feuilles pendant l'hiver.

Térébinthacées.

Le sumac fustet (*Rhus cotinus*), vulgairement *arbre à perruques*, est un arbrisseau buissonneux, haut de 2 à 3 mètres, à feuilles obovales et lisses ; ses fleurs, réunies en panicules lâches, avortent souvent, et leurs pédicelles allongés, grêles et pubescents, simulent alors une sorte de houppe chevelue. Le sumac des corroyeurs (*R. coriaria*), à peu près de la taille du précédent, a des rameaux cotonneux, des feuilles ailées, des fleurs blanches en panicules serrées, et des fruits rougeâtres. Originaires des sols arides et pierreux du midi de l'Europe, ces deux arbustes végètent bien en plein air sous le climat de Paris.

Le sumac amarante ou de Virginie (*Rhus typhina*) est un grand arbrisseau de 4 à 5 mètres, à rameaux brun rougeâtre, à feuilles imparipennées, très-élégantes, à fleurs en panicules, auxquelles succèdent des fruits rougeâtres. Les sumacs vinaigrier (*R. glabra*) et copal (*R. copallina*), aussi de l'Amérique du Nord, s'en distinguent surtout par leur taille deux fois moindre. Rustiques et se propageant d'eux-mêmes par drageons, le premier surtout, ils produisent à l'automne un très-bel effet dans les massifs et les jardins paysagers ; leurs feuilles passent alors par des teintes diverses jusqu'au rouge le plus vif.

Nous signalerons encore les sumacs semi-ailé ou d'Osbeck (*R. semi-alata*), grand arbrisseau à feuilles amples, à folioles ovales acuminées, dentées et tomenteuses, originaire de Chine et du Japon (fig. 2) ; faux-vernis (*R. succedanea*), assez semblable au précédent, dont il se distingue surtout par ses feuilles glabres, luisantes en dessus, glauques en dessous, et par ses fleurs et ses fruits verdâtres, en grappes ;

vernis (*R. vernicifera*), arbrisseau de 3 à 4 mètres, à rameaux cotonneux, à feuilles veloutées en dessous, rappelant

Fig. 2. Sumac semi-ailé.

un peu celles du noyer ; odorant (*R. suaveolens*), arbuste buissonneux de 1 mètre, à rameaux rougeâtres et à fleurs jaune verdâtre.

Légumineuses.

Bugrane frutescente (*Ononis fruticosa*). Cet arbuste, haut d'environ 1 mètre, à rameaux blanchâtres, à feuilles petites

et coriaces, émet, en mai et juin, des fleurs roses ou purpurines, en grappes terminales. On a aussi une variété à
fleurs blanches. La bugrane frutescente croît dans les rochers des régions montagneuses et rocailleuses du midi de
la France; elle végète aussi très-bien dans le Nord, en
terre légère et un peu fraîche, et à une exposition chaude.
On peut en orner les rocailles, ou la mettre au premier plan
dans les massifs.

Les genêts (*Genista*) proprement dits constituent un
genre nombreux d'arbrisseaux, dont la taille varie de 1 à 2
mètres. Ils présentent une assez grande analogie dans leur
port et leur effet décoratif, et se recommandent surtout par
leurs fleurs d'un beau jaune, le plus souvent rapprochées en
grappes terminales. Ils ont en général l'avantage de prospé-
rer dans les sols les plus arides. Parmi les plus rustiques,
nous citerons les genêts de Montpellier (*G. candicans*), des
teinturiers (*G. tinctoria*), de Sibérie (*G. Sibirica*), purgatif
(*G. purgans*), sagitté (*G. sagittalis*), couché (*G. prostra-
ta*), etc.

Genêt à balais (*Sarothamnus scoparius*). Cet arbrisseau,
haut de 1 à 3 mètres, a des rameaux nombreux, dressés,
effilés, portant des feuilles petites, soyeuses, assez espacées.
Ses fleurs jaune d'or, odorantes, sont rapprochées en grappes terminales. Le genêt à balais croît dans les bois, les
bruyères, les lieux arides; il est très-rustique et s'accommode des terrains les plus médiocres. Il mérite une place
dans les jardins paysagers; rarement on le plante isolé; il
convient surtout pour les premiers plants des massifs. Il est
en fleurs depuis avril jusqu'en juin.

Genêt d'Espagne (*Spartium junceum*). Cet arbrisseau,
haut de 2 à 3 mètres, se divise en rameaux nombreux,
grêles et effilés, portant quelques rares feuilles très-petites,
ce qui les fait paraître entièrement nus et leur donne l'apparence de joncs. Ses fleurs, jaunes, très-nombreuses,
grandes, en grappes terminales, s'épanouissent de mai en
juillet, et répandent une odeur agréable. Il y a aussi une variété à fleurs doubles. Le genêt d'Espagne, un peu délicat

pour le nord, aime un sol chaud et sec. Il convient aux parcs et aux grands jardins. On le place isolé dans les mouvements de terrain, sur les pentes, et quelquefois aussi dans les massifs.

Les cytises (*Cytisus*) forment un genre nombreux et très-voisin des genêts, avec lesquels ils se fondent en quelque sorte par des espèces intermédiaires. Ce sont, pour la plupart, des arbrisseaux de 1 à 3 mètres, à fleurs jaunes, réunies en grappes ou en bouquets terminaux plus ou moins fournis. Nous rappellerons pour mémoire le cytise faux ébénier (*C. laburnum*) et ses variétés, qui sont de petits arbres, souvent réduits dans nos jardins à la taille d'arbrisseaux. Nous citerons aussi les cytises à feuilles sessiles (*C. sessilifolius*), noir (*C. nigricans*), capité (*C. capitatus*), d'Autriche (*C. Austriacus*), etc. Toutes ces espèces conviennent beaucoup pour les bosquets.

Le cytise blanc (*Cytisus albus*), est un arbrisseau de 2 à 3 mètres, à rameaux longs, effilés, pointus, portant des feuilles à trois folioles très-petites et soyeuses. Au printemps, ils se couvrent de fleurs blanches très-nombreuses. On a des variétés à fleurs plus grandes ou jaunâtres. Originaire des lieux pierreux du Midi, il demande un sol chaud et sec; sinon, il peut être endommagé par les grands froids. C'est une des plus belles espèces du genre. Le cytise odorant (*C. nubigenus*), originaire de Ténériffe, est un peu plus délicat. Ses fleurs odorantes, blanches, paraissent aussi au printemps.

Le cytise pourpré (*Cytisus purpureus*) est un arbuste de 0 ^{m},50 au plus, à rameaux effilés, glabres, couchés, portant des feuilles glabres et petites. Depuis mai jusqu'en août, il se couvre de fleurs assez grandes, très-nombreuses, solitaires à l'aisselle des feuilles, et panachées de rose pâle et de rouge pourpre. On possède des variétés à fleurs rouge intense, pourpre, violacé, et même à fleurs blanches. Cet arbrisseau, originaire des landes arides de la Croatie, est rustique et peut se placer dans les situations les plus variées; il produit toujours un bel effet ornemental.

L'amorpha frutescent (*Amorpha fruticosa*), vulgairement *faux indigo*, est un arbrissean de 2 à 4 mètres, à feuilles imparipennées, pubescentes en dessous. En été, il se couvre de fleurs pourpre foncé, en épis terminaux. Il a produit quelques variétés dans le feuillage, qui est toujours très-élégant. L'amorpha safrané, bien plus petit, a un feuillage roussâtre et des fleurs d'un pourpre bleuâtre, sur lequel tranchent les filets verts des étamines. L'amorpha blanchâtre (*A. canescens*) est un arbrisseau peu élevé, remarquable par le duvet blanc qui couvre ses feuilles et ses rameaux, et par ses fleurs d'un bleu noirâtre.

Les amorphas sont en général originaires des États-Unis, où ils croissent sur le bord des rivières. On peut donc, dans nos parcs, les placer à une situation analogue. Dans tous les cas, il leur faut un sol frais et une exposition à l'abri des grands vents, qui rompent facilement leurs rameaux. Toutefois, si le sol était trop humide, leurs jeunes pousses, dans le nord de la France, auraient à souffrir des gelées. Leur place la plus convenable est dans les massifs et les bosquets, où ils figurent très-bien à tous égards.

L'indigotier dosua (*Indigofera dosua*) est un charmant arbuste à tiges dressées, roussâtres, ainsi que les feuilles, qui sont imparipennées. Ses fleurs roses, en grappes dressées, se succèdent durant presque tout l'été. On possède une variété naine, à fleurs plus foncées. Cet indigotier, originaire du Népaul, craint un peu les froids et exige par conséquent quelques précautions; mais s'il perd ses tiges en hiver, il en produit de nouvelles au printemps. L'indigotier superbe (*I. decora*) de la Chine, est un bel arbuste buissonneux, à fleurs rose tendre, pourpre foncé ou blanches; mais il est plus délicat que le précédent.

Le robinier hispide (*Robinia hispida*), vulgairement *acacia rose*, forme un buisson touffu, haut d'environ 2 mètres, hérissé de poils rougeâtres; ses feuilles rappellent, avec des dimensions plus grandes, celles du robinier commun; ses fleurs en grappe, d'un rose vif, à calice brunâtre, paraissent en été. Cet arbrisseau, originaire des montagnes de la Virginie, est rustique, d'une culture facile et très-ornemental. Il fait un très-bon effet, isolé ou dans les massifs. Toutefois, comme il est sujet à être rompu par les vents, il faut le placer dans les endroits abrités.

Les caraganas (*Caragana*) sont, pour la plupart, des arbrisseaux buissonnants, hauts de 1 à 3 mètres, à feuilles paripennées et à fleurs d'un jaune plus ou moins vif, rappelant du reste, par leur port, les robiniers. On remarque surtout les caraganas altagana (*C. altagana*), de la Daourie; chamlagu (*C. chamlagu*), de la Chine; frutescent (*C. frutescens*), de la Circassie; à grandes fleurs (*C. grandiflora*), de la Géorgie; nain (*C. pygmæa*), de la Daourie; élégant (*C. speciosa*), de la Sibérie, etc. Tous sont rustiques, croissent dans les sols les plus pauvres et figurent très-bien dans les massifs.

Quelques espèces de caragana se font remarquer par leurs fleurs d'un rose plus ou moins vif. Tels sont, entre autres, le caragana barbu (*C. jubata*), à fleurs roses ou blanc rougeâtre, et à pétioles persistant fort longtemps après la chute des feuilles, sous forme de longues aiguilles, et le caragana argenté (*C. argentea*), à rameaux blanchâtres, à feuilles douées de reflets argentins, et à fleurs rose violacé. Ces deux espèces, originaires de Sibérie, croissent très-bien en plein air sous nos climats et s'accommodent des sols les plus médiocres. On en tire un bon parti pour les massifs.

Baguenaudier commun (*Colutea arborescens*). Tout le monde connaît cet arbrisseau buissonneux, haut de 3 à 4 mètres, à feuilles glauques, à fleurs jaunes réunies en grappes courtes, et auxquelles succèdent des gousses vésiculeuses, rougeâtres, que les enfants font claquer entre leurs doigts. Il est parfaitement rustique, et croît dans les sols les plus arides. Sa floraison se continue pendant un temps plus ou moins long. Le baguenaudier sanguin (*C. cruenta*) s'en distingue par sa taille beaucoup plus petite, et ses fleurs rouges tachées de jaune. Ces arbrisseaux font un très-bon effet, soit dans les massifs, soit isolés sur les pelouses.

Le clianthe ponceau (*Clianthus puniceus*) est un arbrisseau de 1ᵐ 30 à 1ᵐ 60, à feuilles pennées, composées de 10 à 12 paires de folioles, très-élégantes ; ses grandes fleurs, d'un rouge ponceau brillant, assez semblables à celles des érythrines, disposées en grappes axillaires et pendantes, paraissent depuis la fin du printemps jusqu'au commencement de l'automne. On en possède plusieurs variétés, à fleurs rouge ponceau des plus éclatants, ou rouge orangé (*C. Dampieri*). Cet arbrisseau, originaire de la Nouvelle-Zélande, ne supporte pas très-bien le climat du nord. Toutefois on peut le cultiver en pleine terre contre un mur au midi, en l'abritant pendant l'hiver.

La coronille des jardins (*Coronilla emerus*) est un arbrisseau buissonneux, haut de 1 à 2 mètres, à tiges et à rameaux verts, très-glabres, à feuilles composées de petites folioles d'un vert clair. Ses fleurs jaunes, lavées de pourpre, se succèdent depuis avril jusqu'en juillet. Si l'on a soin de la tondre, elle refleurit à l'automne. Cet arbrisseau, qui croît dans les haies et les taillis du midi de la France, demande un terrain sec et chaud et une exposition abritée. Il fait un très-bon effet, isolé ou en massif. On en fait aussi des bordures, des haies et des palissades.

Lespédèze bicolore (*Lespedeza bicolor*). Cet arbrisseau rameux, haut de 1ᵐ,50, est remarquable par son feuillage léger et gracieux, d'un vert gai, soyeux dans le jeune âge, et par ses nombreuses fleurs rose violacé, qui s'épanouissent en août. La lespédèze argentée (*L. argyracea*) s'en distingue par ses feuilles plus soyeuses et comme argentines et par ses fleurs rouge foncé. Ces deux arbustes, originaires des bords du fleuve Amour, sont très-rustiques, et croissent à peu près partout ; mais ils préfèrent un sol meuble et une exposition chaude. Ils sont très-élégants et d'un bel effet ornemental dans les massifs.

La casse du Maryland (*Cassia Marylandica*) est un charmant arbrisseau buissonneux, dont les tiges dressées, hautes de 1 mètre à 1ᵐ,50, portent des feuilles ailées, à folioles oblongues, d'un beau vert. Depuis août jusqu'en

Fig. 3. Casse florifère.

octobre, il se couvre de fleurs d'un jaune vif, en longues grappes axillaires. Il fait bien dans les massifs; mais il pro-

duit encore plus d'effet isolé sur les pelouses ou les plates-
bandes. La casse du Maryland préfère une terre meuble, un
peu fraîche et substantielle. La casse florifère (*C. floribunda*), du Mexique (fig. 3), est plus belle, mais moins rustique,
et réclame une couverture de feuilles pendant l'hiver.

Rosacées. — Amygdalées.

L'amandier nain (*Amygdalus nana*), improprement
nommé *Amandier de Chine*, car il est originaire du sud de
la Russie, est un arbrisseau de 1 mètre à 1^m,50, peu rameux, à feuilles lancéolées, très-élégantes. Ses fleurs d'un
beau rose, très-nombreuses, paraissent avant les feuilles, en
mars ou avril. L'aman-
dier de Géorgie est une
variété à fleurs plus
grandes. On possède
d'autres variétés à
fleurs blanches et à
fleurs doubles. Tous
ces arbrisseaux sont
vigoureux ; mais ils de-
mandent un sol léger
et sec et une exposition
découverte. Ils figurent
très-bien, soit isolés,
soit au premier rang
des massifs.

L'amandier pédon-
culé (*A. pedunculata*)
(fig. 4) forme un arbuste
buissonneux, à bran-
ches très-étalées, por-
tant des feuilles obova-
les, dentées, glabres',
coriaces, luisantes. Ses

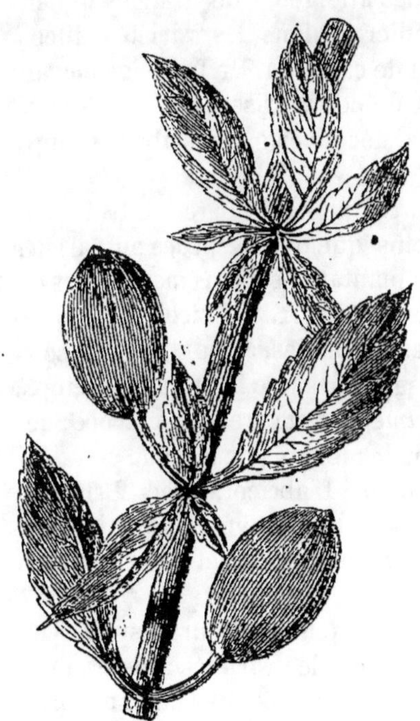

Fig. 4. Amandier pédonculé.

fleurs, d'un rose carné pâle, sont groupées en petits fascicules sur le vieux bois; elles paraissent vers la fin d'avril. Ces fleurs sont portées sur de longs pédoncules, et il en est de même des fruits, qui ressemblent, sauf leur taille deux fois plus petite, à ceux de notre amandier commun. Cette espèce croît dans la Tartarie occidentale. Elle ressemble assez à la précédente, et mérite d'être répandue dans les massifs.

Le pêcher (*Persica vulgaris*) a produit plusieurs variétés cultivées comme arbrisseaux d'agrément, notamment celles qui ont des fleurs doubles. Tels sont les pêchers nain et d'Ispahan; telles sont surtout les variétés réunies sous le nom de pêcher de la Chine (*P. Sinensis*), dont les fleurs sont plus grandes, plus belles et plus abondantes. Roses dans le type, ces fleurs sont d'autres fois d'un rouge foncé, ou blanches, ou diversement panachées; elles atteignent de grandes dimensions et des formes particulières, dans les variétés dites à fleurs de rosier, d'œillet ou de camellia. Un feuillage élégant ajoute encore à l'agrément de ces arbrisseaux, qui demandent une exposition chaude, découverte, mais abritée contre les grands vents.

Les abricotiers (*Armeniaca*) ne sont guère cultivés que pour leurs fruits. Néanmoins quelques espèces ou variétés méritent une place dans les plantations d'agrément. Nous citerons surtout l'abricotier de Sibérie (*A. Sibirica*), arbrisseau de 2 mètres, à feuilles ovales-arrondies, à fleurs rouges, solitaires ou géminées, paraissant de bonne heure au pritemps. L'abricotier mume (*A. mume*) est encore plus précoce; ses fleurs blanches se montrent dès le mois de février: cette espèce est originaire du Japon. L'abricotier de Briançon (*A. Brigantiaca*) mérite aussi d'être cultivé. Ces arbrisseaux assez rustiques demandent un terrain frais et une exposition chaude.

Les pruniers (*Prunus*) présentent plusieurs espèces ou variétés ornementales. Telles sont les variétés à fleurs doubles, ou à feuilles panachées de jaune ou de blanc, du prunier commun. Le prunier myrobolan (*P. myrobolana*), d'Amérique, vulgairement nommé *cerisette*, a de belles et abondantes fleurs blanches, qui paraissent en février. Nous citerons aussi les pruniers d'hiver (*P. hiemalis*,) de l'Amérique du Nord, à fleurs blanches, grandes, en ombelles, paraissant en avril et mai, et surtout le prunier trilobé (*P. triloba*), de la Chine, à feuilles légèrement trilobées, à fleurs grandes et nombreuses, d'abord roses, puis blanches, qui s'épanouissent en mars.

Le prunier épineux (*P. spinosa*), vulgairement *prunellier* ou *épine noire*, est un arbrisseau à écorce noirâtre, à fleurs blanches, nombreuses, paraissant en mars et avril, avant les feuilles; il a produit une variété à fleurs doubles, d'un charmant effet. Ses fruits sont noirâtres et couverts d'une poussière glauque. Le prunier chicasan (*P. chicasa*), des États-Unis, s'en distingue surtout par ses fruits jaune rougeâtre. Ses fleurs blanches paraissent en avril, comme celles du prunier cocomiglio (*P. cocomilio*), petit arbuste, à fruits jaunes, originaire de l'Italie méridionale. Tous ces arbrisseaux peuvent entrer avec avantage dans la formation des massifs.

Le genre cerisier (*Cerasus*) renferme plusieurs arbrisseaux remarquables. Tels sont, entre autres, le cerisier de la Toussaint (*C. semperflorens*), à cime touffue et régulière, à fleurs blanches, se succédant depuis le printemps jusqu'à l'automne, et à petits fruits rouges; le cerisier du Canada ou ragouminier (*C. pumila*), de l'Amérique du Nord, arbrisseau de 1 à 2 mètres, à rameaux grêles et dressés, à feuilles glauques en dessous, fleurissant en mai; le cerisier nain (*C. chamæcerasus*), de l'Europe centrale, arbrisseau de 2 à 3 mètres, à feuilles petites et luisantes, fleurissant aussi en mai; le C. du Japon (*C. Japonica*)', haut de 1 à 2 mètres, à fleurs semi-doubles ou doubles, blanc rosé, paraissant en avril et mai. Toutes ces espèces sont très-rustiques.

Parmi les cerisiers dont les fleurs sont disposées en grappes, on remarque le cerisier de Sainte-Lucie (*C. mahaleb*), grand arbrisseau buissonneux, fleurissant en mai et juin, et produisant de petits fruits noirs; le cerisier ou merisier à grappes (*C. padus*), dont les fleurs blanches, en longues grappes pendantes, se détachent sur un feuillage d'un vert gai, souvent lacinié ou panaché, et s'épanouissent en juillet et août ; le cerisier de Virginie (*C. Virginiana*), superbe arbrisseau, remarquable par ses fleurs en grappes dressées, ses fruits d'un rouge noirâtre, mais surtout par son beau feuillage, qui devient rouge à l'automne.

Rosacées. — Rosées.

Le genre rosier (*Rosa*) occupe sans contredit la première place parmi les arbrisseaux d'ornement. Les variétés obtenues se comptent anjourd'hui par milliers, et il est souvent très-difficile de déterminer l'espèce d'où elles proviennent ; il existe d'ailleurs un certain nombre d'hybrides, ou races intermédiaires, qui concourent encore à augmenter cette difficulté. On peut approximativement évaluer à vingt-cinq les types spécifiques cultivés dans nos jardins, soit pour leurs fleurs, soit comme sujets pour recevoir la greffe des variétés distinguées. Nous nous contenterons d'énumérer ici les principaux de ces types.

A. Citons d'abord le rosier sauvage ou églantier (*R. canina*), généralement préféré comme sujet ; le rosier rouillé (*R. rubiginosa*), ainsi nommé à cause de la teinte que présente le dessous de ses feuilles ; les rosiers velu (*R. villosa*) et cotonneux (*R. tomentosa*) ; le rosier blanc (*R. alba*), qui a produit quelques variétés à nuances délicates ; le rosier cannelle (*R. cinnamomea*), cultivé surtout pour son arome spécial ; le rosier des Alpes (*R. Alpina*), espèce charmante et trop peu cultivée ; le rosier pimprenelle (*R. pimpinellifolia*), bien négligé aujourd'hui, et qui se fait surtout remarquer par la précocité de ses fleurs.

B. Le rosier jaune (*R. eglanteria*) a une odeur peu agréable ; mais il produit un bel effet ; on distingue surtout les variétés *persian yellow*, à fleurs jaune d'or, et *capucine*, à pétales jaune pâle en dehors, ponceau orangé et veloutés en dedans. Le rosier jaune soufre (*R. sulphurea*) a produit une variété à fleurs petites, jaune citron, appelée *pompon jaune*.

C. L'espèce la plus justement célèbre est le Rosier cent-feuilles (*R. centifolia*), et surtout la variété que les peintres de fleurs reproduisent de préférence dans leurs tableaux, et qu'on appelle pour cette raison *rose des peintres*.

C'est encore à ce type que se rapportent les variétés si populaires, connues sous les noms de *rose mousseuse* (ou mieux *moussue*) et de *rose pompon*.

D. Le rosier de Provins (*R. Gallica*), préféré pour l'usage médical, est bien moins cultivé aujourd'hui qu'autrefois comme plante de collection ; on a conservé toutefois des variétés panachées, qui ne se rencontrent guère que dans cette espèce, ainsi que la variété dite *Pompon de Bourgogne*, dont on fait des bordures. Le rosier de Provence, répandu surtout dans le Nord, a des fleurs très-belles, mais qui ne se tiennent pas bien, qui manquent de tenue, comme disent les jardiniers.

Le rosier de Francfort (*R. turbinata*), caractérisé surtout par la grosseur de ses fruits, a des fleurs grandes, très-nombreuses, d'un rose vif, mais qui s'ouvrent difficilement.

E. Le rosier de Damas (*R. Damascena*) est un bel arbrisseau, dont les fleurs servent surtout en parfumerie. Le rosier de Belgique (*R. Belgica*), appelé aussi rosier de Puteaux ou des quatre saisons (fig. 5), en est très-voisin. Il en est de même du rosier de Portland ou perpétuel (*R. Portlandica*), qui a produit une variété admirable, la *rose du Roi*, et auquel on rapporte aussi quelques roses moussues et remontantes.

F. Ici se place un groupe très-important, désigné sous le nom de *Rosiers hybrides*, et qu'on regarde comme résultant du croisement des races de Portland et de Bengale. Leurs fleurs remontantes, la plupart d'une odeur suave, présentent toutes les nuances du blanc carné au pourpre noirâtre. On remarque surtout dans ce groupe la *rose de la Reine*.

G. Le rosier de Bengale (*R. Bengalensis*) donne toute l'année des fleurs assez petites et sans odeur ; mais il est d'un tempérament assez délicat. Les rosiers Lawrence ou Bengale pompon sont de charmantes miniatures, à fleurs rose vif, très-remontantes.

Fig. 5. Rosier des quatre saisons.

Cette espèce a produit deux types secondaires, les rosiers Bourbon (*R. Borbonica*) et Noisette (*R. Noisettiana*).

H. Le rosier thé (*R. Indica*) (fig. 6), estimé à cause de l'o-

Fig. 6. Rosier thé safrané.

deur caractéristique de ses fleurs, a produit de nombreuses variétés, dont la couleur varie du blanc au jaune et au rouge.

Nous n'avons pas à examiner ici les rosiers sarmenteux ou grimpants. Nous ne devions guère d'ailleurs parler de ce genre que pour mémoire. Nous renverrons donc, pour plus amples détails, aux volumes de cette collection consacrés au rosier et aux plantes grimpantes.

La ronce commune (*Rubus fruticosus*) est un arbrisseau à tiges dressées ou couchées, portant des feuilles à trois ou à cinq folioles, d'un beau vert, et des fleurs blanches, auxquelles succèdent des fruits d'un noir brillant à la maturité. Elle est très-commune dans toutes nos haies, et présente plusieurs variétés : à feuilles laciniées ou panachées; à fleurs doubles, à fleurs rouges, à pétales laciniés; à fruits blancs, etc. La ronce est fort rustique et traçante; elle envahit souvent le sol où elle se trouve plantée. Aussi doit-on la réserver pour les rocailles et les terres en pente, qu'elle contribue à orner. La ronce cendrée ou bleuâtre (*R. cæsius*) et même le framboisier (*R. Idæus*), bien que plus délicats, peuvent servir au même usage.

Quelques ronces exotiques se recommandent comme espèces d'ornement. Telles sont la ronce odorante (*R. odoratus*), vulgairement *framboisier du Canada*, à tiges de 2 mètres, à fleurs grandes, roses ou blanches; la ronce à peau blanche (*R. leucodermis*), de l'Orégon, à tiges dressées, glauques, blanchâtres, à feuilles garnies en dessous d'un duvet blanc épais, et à fleurs blanches; les ronces de Chine (*R. Sinensis*) et d'Australie (*R. Australis*), à tiges rampantes; la ronce du Canada (*R. Canadensis*), à tige inerme et à fleurs blanches, très-grandes; la ronce de Nutkan (*R. Nutkanus*), à fleurs blanches, disposées en élégants corymbes. Toutes ces espèces conviennent pour les massifs, les rocailles et les lieux accidentés.

Le genre ronce présente encore quelques espèces à tiges dressées et non traçantes, qui diffèrent de leurs congénères par leur port. La ronce d'occident (*R. occidentalis*), originaire de l'Amérique du Nord, rappelle assez le framboisier par son aspect. Ses feuilles sont cotonneuses en dessous; ses fleurs blanches se succèdent depuis mai jusqu'en juillet, et sont remplacées par des fruits pourpre noirâtre. La ronce élégante (*R. spectabilis*), des mêmes régions, a des tiges glauques et inermes, et des fleurs petites, mais d'un beau rose, paraissant au printemps. Ces deux espèces, qui sont très-rustiques, produisent un bon effet aux premiers rangs des massifs.

Potentille frutescente (*Potentilla fruticosa*). Cet arbrisseau, haut de 1 mètre environ, a des feuilles digitées, à cinq ou sept folioles lancéolées, un peu pubescentes, d'un beau vert, luisantes en dessus; ses fleurs, jaune d'or, groupées en petits corymbes, se succèdent tout l'été. Originaire du nord de l'Europe et de l'Amérique, il présente une variété à feuilles glabres et à fleurs blanches (*P. davurica*), une autre plus élevée et plus florifère (*P. floribunda*). Cet arbrisseau est rustique et peu exigeant sur la nature du sol; mais il préfère un bon terrain et une exposition chaude. Il fait bien isolé, ou dans les massifs, ou bien encore dans les rocailles.

Kerria du Japon (*Kerria Japonica*), vulgairement *corète du Japon* et improprement *corchorus*. Cet arbrisseau produit des tiges de 1ᵐ,50 à 3 mètres, rameuses, flexibles, diffuses, vertes, portant des feuilles ovales, aiguës, crénelées, d'un beau vert. Ses fleurs, d'un beau jaune, paraissent souvent dès le mois de février, et se succèdent parfois jusqu'à l'automne. La variété à fleurs doubles, plus vigoureuse, est la plus répandue dans les cultures. Une autre variété, peu connue, se distingue par ses grandes fleurs larges. Le kerria se recommande par sa rusticité et son charmant aspect. Il demande une exposition à mi-ombre, et fait très-bien dans les massifs, mais mieux encore palissé contre un mur.

Le Rhodotype kerria (*Rhodotypus kerrioides*) (fig. 7) est un arbrisseau touffu, très-voisin du kerria du Japon, auquel il ressemble beaucoup par le port et le feuillage; il s'en distingue par ses grandes fleurs blanches, solitaires à l'extrémité des rameaux. Originaire du Japon, il supporte parfaitement la pleine terre sous le climat de Paris, et croît dans tous les sols; mais il préfère une exposition à demi-ombragée. Il figure très-bien dans les massifs.

Le genre spirée (*Spiræa*) renferme un grand nombre d'espèces, aussi recommandables par leur feuillage élégant que par la délicatesse de leurs fleurs blanches ou roses, disposées en corymbes, en ombelles ou en panicules. Voici les principales.

I. *Feuilles composées*. — La spirée à feuilles de sorbier (*S. sorbifolia*), arbrisseau de 2 mètres, à feuilles impari-

Fig. 7. Rhodotype kerria.

pennées, élégantes, et à fleurs blanches, en longues panicules, est originaire de Sibérie. La spirée de Lindley (*S. Lindleyana*), haute de 2 à 3 mètres, du Népaul, ressemble beaucoup à la précédente. Ces deux espèces sont rustiques et forment de charmants buissons.

II. *Feuilles simples.* — A. Fleurs blanches, en ombelles ou en corymbes. Spirée à feuilles d'orme (*S. ulmifolia*), de la Carniole, haute de 1^m.30 à 2 mètres, fleurissant en juin; S. à feuilles d'obier (*S. opulifolia*), du Canada, arbrisseau de 2 à 3 mètres, en mai et juin; à feuilles de prunier (*S. prunifolia*), du Japon, charmant buisson d'environ 1 mètre, à rameaux grêles, pubescents, portant des feuilles ovales, luisantes d'un beau vert; on en possède une variété à fleurs doubles, du plus bel effet. La spirée à feuilles crénelées (*S. crenata*), du midi de la France, haute de 1^m.30 à 2 mètres, fleurit en mai, ainsi que la spirée à feuilles de millepertuis (*S. hypericifolia*), dont elle n'est peut-être qu'une variété.

La spirée à feuilles de germandrée (*S. chamædryfolia*), arbrisseau de 1 à 2 mètres, fleurit en avril. La spirée tombante (*S. decumbens*), d'Autriche, est un charmant arbuste, haut de 1 mètre au plus, et dont les fleurs se succèdent presque toute l'année; on en fait de jolies bordures, dans les terrains frais.

B. Fleurs blanches, en panicules. La spirée à feuilles d'alisier (*S. ariæfolia*), de l'Amérique du Nord, est un arbrisseau touffu, de 1^m.50 à 2 mètres, à feuillage ample, pubescent, et dont les grandes panicules s'épanouissent en juin. La spirée à feuilles de saule (*S. salicifolia*), du midi de l'Europe, a des fleurs blanc carné, qui dans quelques variétés deviennent d'un rose plus ou moins vif.

C. Fleurs roses. Nous citerons surtout les spirées élégante (*S. bella*), du Népaul; de Fortune (*S. Fortunei*), de la Chine, à fleurs souvent violacées, et à floraison longtemps prolongée; étalée (*S. expansa*), à feuillage glauque en dessous, peut-être simple variété de la précédente; cotonneuse (*S. tomentosa*), du Canada, à feuilles blanchâtres cotonneuses en dessous, et qui fleurit en août et septembre; de Douglas (*S. Douglasii*), de l'Amérique du Nord, arbrisseau touffu de 1^m.50, à feuilles lisses en dessus, et dont les grandes panicules, d'un beau rose lilacé, s'épanouissent à l'automne.

Toutes les spirées sont fort recherchées pour les massifs.

Rosacées. — Pomacées.

Pommiers d'ornement. Nous citerons surtout le pommier de Chine ou à bouquets (*Malus spectabilis*), charmant arbrisseau, à boutons d'un carmin vif et à fleurs grandes, blanc rosé, en avril et mai ; le pommier de Sibérie ou baccifère (*M. baccata*), vulgairement *cerisette*, à fleurs roses en bouquets, et à fruits rouge vif, jaune rougeâtre ou blancs ; le pommier odorant (*M. coronaria*), de la Caroline, à belles fleurs roses ou blanc rosé, en corymbes élégants, et à odeur suave ; le pommier toujours vert (*M. sempervirens*), à rameaux étalés, à feuilles luisantes, presque persistantes, à boutons rose carmin et à fleurs blanc rosé, en juin. Toutes ces espèces produisent un très-bel effet, à leur floraison.

Le coignassier de Chine (*Cydonia Sinensis*) est un grand arbrisseau de 3 à 4 mètres, à rameaux dressés, produisant, en mai et juin, de grandes fleurs roses ou blanc rosé, à odeur de violette, auxquelles succèdent des fruits ovoïdes et verdâtres. Le coignassier de Portugal (*C. Lusitanica*), qui lui ressemble beaucoup par le port, s'en distingue par ses fleurs blanches et ses fruits jaune d'or. Ces deux espèces sont rustiques. Le coignassier du Japon (*Chænomeles Japonica*) est un arbrisseau tortueux, de 1 mètre à 1^m.50, quand il est livré à lui-même, mais s'élevant davantage, s'il est fixé à un tuteur ou palissé contre un mur. Il produit, en avril et mai, de grandes et nombreuses fleurs rouges vif ou blanc rosé, simples ou doubles.

Le sorbier faux néflier (*Sorbus chamæmespilus*) est un arbrisseau de 1 à 2 mètres, à feuilles ovales et dentelées. En mai, il se couvre de fleurs blanc rosé, auxquelles succèdent de petits fruits d'un rouge orangé. Il croît dans les montagnes de l'Europe. Nous citerons aussi le sorbier florifère (*S. floribunda*), arbuste de 1^m.50, à fleurs blanches en larges corymbes et à fruits noirs ; le sorbier à feuilles d'arbousier (*S. arbutifolia*), de l'Amérique du Nord, à feuilles cotonneuses, surtout dans leur jeunesse, et à fruits d'un beau rouge ; et le sorbier à fruits noirs (*S. melanocarpa*), espèce voisine ou peut-être simple variété de celle-ci.

L'amélanchier commun (*Amelanchier vulgaris*) est un arbrisseau de 2 à 3 mètres, à feuilles arrondies, blanchâtres en dessous, à grandes fleurs d'un blanc soufré, paraissant en mars et avril, et à fruits bleu noirâtre. Il croît dans nos contrées. L'amélanchier à grappes (*A. racemosa*) atteint 3 à 4 mètres ; ses rameaux rougeâtres portent des feuilles oblongues, devenant d'un beau jaune à l'automne ; il a des fleurs blanches, paraissant en avril et mai, et des fruits rouge-brun. Nous citerons encore les amélanchiers à feuilles de sorbier (*A. sorbifolia*), à feuilles pennées et à fruits noirs ; ovale ou à épis (*A. ovalis*), à fleurs en grappes serrées et à fruits rouges. Ces espèces sont rustiques et figurent bien dans les massifs.

Le cotonéastre commun (*Cotoneaster vulgaris*) forme un arbrisseau rameux, touffu, haut de 1ᵐ.50, à feuilles ovales, blanches et cotonneuses en dessous, à fleurs blanc jaunâtre, en avril et mai, et à fruits rouges ; il y a une variété à fruits noirs. Cette espèce croît dans les Alpes et les Pyrénées. On cultive aussi les cotonéastres de Desfontaines (*C. Fontanesii*), arbuste de 1 mètre, à feuilles cotonneuses, à fleurs blanches, en corymbes serrés, et à fruits écarlates ; de Grenade (*C. Granatensis*), arbrisseau de 3 à 4 mètres, à fruits rouges ; et le C. voisin (*C. affinis*), du Népaul, haut de 1ᵐ.50, à fruits rouge vif persistant tout l'hiver.

L'aubépine (*Cratægus oxyacantha*) est un grand arbrisseau, ou même un petit arbre, tortueux et buissonnant, à feuilles obovales, trilobées, d'un beau vert. En mai et juin, il se couvre de fleurs blanches, d'une odeur suave, en corymbes serrés, auxquelles succèdent de petits fruits rouges. Cette espèce, vulgairement nommée *Epine blanche*, a produit de nombreuses variétés, à rameaux dressés en pendants ; à feuilles entières, laciniées ou panachées ; à fleurs blanches, roses ou rouges, simples ou doubles ; à fruits jaunes ou noirs, etc. Tous ces arbrisseaux sont parfaitement rustiques ;

et font un très-bel effet, soit isolés, soit en haies ou en palissades, soit dans les massifs.

Nous citerons encore dans le genre aubépine (*cratægus*), l'épine parasol (*C. linearis*), arbuste traînant, à rameaux étalés, à feuilles linéaires et à fleurs blanches, et qui, greffé à haute tige sur l'aubépine commune, forme un parasol d'un charmant effet; l'épine d'Orient (*C. orientalis*), à feuilles trilobées, à fleurs blanches odorantes et à fruits rouges; l'épine à petites fleurs (*C. parviflora*), arbrisseau de 2 à 3 mètres, touffu, à rameaux dressés, à feuillage pubescent et à fruits jaune verdâtre; et l'épine corail (*C. corallina*), de l'Amérique du Nord, arbrisseau à grandes fleurs et à fruits rouge vif. Toutes ces espèces sont rustiques et d'un bel effet.

Calycanthées.

Le calycanthe florifère (*Calycanthus floridus*), vulgairement *arbre aux anémones*, de la Caroline, est un arbrisseau de 2 à 3 mètres, à rameaux étalés, à feuilles ovales, pubescentes en dessous, à fleurs rouge-brun, paraissant en mai et juin, et exhalant une odeur agréable de pomme de reinette. Il présente plusieurs variétés, à feuilles glauques, à fleurs inodores, etc. Le calycanthe de Californie (*C. occidentalis*) s'en distingue par ses feuilles plus grandes, vertes sur leurs deux faces, et par ses fleurs plus foncées. Ces deux arbrisseaux sont très-rustiques, le second surtout. Ils préfèrent toutefois une terre humide ou tout au moins fraîche, et une exposition ombragée. Ils font un très-bon effet, isolés ou dans les massifs.

Le chimonanthe odorant (*Chimonanthus fragrans*), vulgairement *calycanthe du Japon, calycanthe précoce*, forme un arbrisseau buissonneux, de 1ᵐ.50 à 3 mètres, à feuilles lancéolées, luisantes en dessus; dès la fin de décembre, il donne des fleurs d'un blanc jaunâtre, rougeâtres en dedans, à odeur suave. Il présente plusieurs variétés, à fleurs plus grandes ou plus petites, ou jaune foncé. Cet arbrisseau est très-

précieux dans les jardins, à cause de l'époque de sa floraison.
Il est d'ailleurs très-rustique, et, bien qu'il préfère la terre
de bruyère, il vient très-bien, comme les calycanthes, dans
une terre fraîche ou même humide.

Tamariscinées.

Le tamarix de France (*Tamarix Gallica*) est un grand
arbrisseau, de 4 à 5 mètres, à feuilles très-petites, glauques,
semi-persistantes; en mai, ses rameaux grêles et flexibles
se couronnent de grandes panicules de petites fleurs roses,
du plus charmant effet. On remarque aussi les tamarix de
l'Inde (*T. Indica*), à fleurs d'un rouge plus vif, et le tamarix de l'Allemagne (*T. Germanica*), à fleurs violacées. Ces arbrisseaux se recommandent par leur port élégant et pittores-
que, autant que par leur floraison luxuriante. Ils demandent
un sol frais ou même humide. Comme ils supportent bien
la taille, on peut leur donner des formes diverses ou les
laisser croître en liberté; ils produisent toujours un bel effet
ornemental.

Philadelphées.

Le seringat (*Philadelphus coronarius*) est un arbrisseau
de 2 à 3 mètres, à rameaux dressés, à feuilles ovales aiguës,
d'un beau vert; en juin il se couvre de fleurs blanches, en
panicules rameuses, d'une odeur forte, mais agréable. Originaire du midi de l'Europe, il a produit plusieurs variétés,
naines, à feuilles panachées, à fleurs doubles, etc. Les seringats verruqueux (*P. verrucosus*), à larges feuilles (*P. latifolius*), hérissé (*P. hirsutus*), de Californie (*P. Californicus*),
ressemblent beaucoup à l'espèce type et sont aussi rustiques.
Les seringats inodore (*P. inodorus*) et à grandes fleurs (*P.
grandiflorus*) sont plus délicats et souffrent dans les hivers
rigoureux. Tous ces arbrisseaux font un très-bel effet dans
les massifs.

Le deutzia crénelé (*Deutzia crenata*) est un arbrisseau de
2 mètres, à feuilles ovales lancéolées, crénelées et couvertes

de poils rudes, à fleurs blanches, assez grandes, en grappes terminales, en mai et juin. Le deutzia scabre (*D. scabra*), haut de 1 mètre, a des fleurs plus grandes. Le deutzia blanchâtre (*D. canescens*) a les siennes en panicules thyrsoïdes. On peut citer encore le deutzia en corymbes (*D. corymbosa*). Quant au deutzia grêle (*D. gracilis*), c'est un petit arbuste d'environ 0^m.50. Tous ces arbrisseaux, originaires de la Chine et du Japon, ressemblent beaucoup au seringat par leur port, leur aspect, leur feuillage et leur floraison, et sont susceptibles de jouer le même rôle dans les jardins et les bosquets.

Granatées.

Le grenadier (*Punica granatum*) est un grand arbrisseau de 3 à 4 mètres, à feuillage d'un beau vert, et à fleurs d'un rouge ponceau éclatant, auxquelles succèdent de gros fruits globuleux d'un jaune rougeâtre. Originaire du nord de l'Afrique, il a produit des variétés naines, d'autres à fleurs jaunes ou à fleurs doubles. Rustique dans le midi et l'ouest, il est délicat pour le climat de Paris, où on peut cependant le conserver en pleine terre, à la condition de le placer contre un mur au midi, et de couvrir son pied d'un paillis sec pendant l'hiver. Très-docile à la taille, il figure aussi bien isolé que dans les massifs.

Ribésiées.

Le genre groseillier (*Ribes*), indépendamment des espèces fruitières généralement cultivées et qui pourraient trouver place dans les plantations d'agrément, renferme aussi un grand nombre d'espèces purement ornementales, soit par leur feuillage élégant, soit par leurs fruits ordinairement rouges ou noirs, soit aussi par leurs fleurs de couleurs très-variées et en général très-précoces. Ces arbrisseaux sont presque tous très-rustiques, s'accommodent de presque tous les sols, et viennent bien à l'ombre ou à découvert. Aussi doivent-ils être répandus; on les place isolés sur les pelouses ou les rocailles, ou au bord et dans l'intérieur des massifs.

Groseilliers à fleurs rouges. Le groseillier sanguin (*R. sanguineum*) (fig. 8) est un bel arbrisseau de 1ᵐ.50 à 2 mètres,

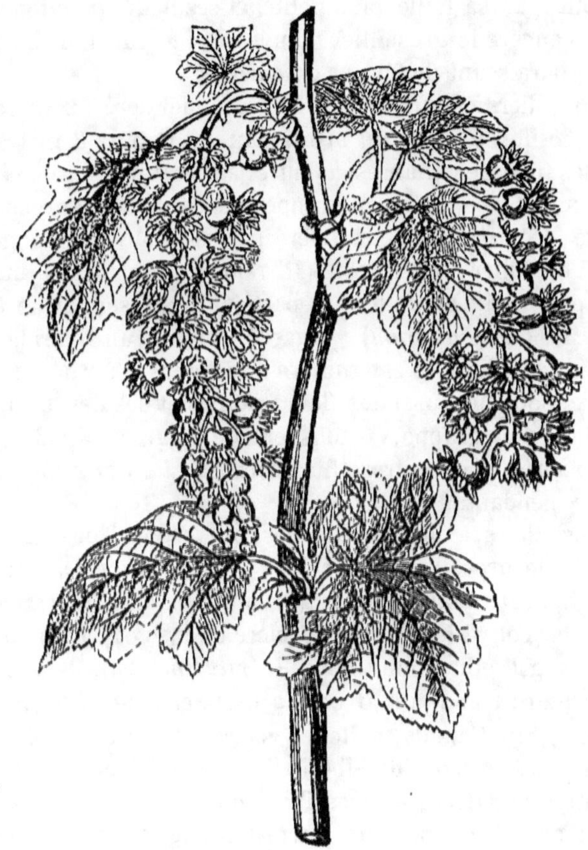

Fig. 8. Groseillier sanguin.

à feuilles cordiformes, crénelées; en avril, il se couvre de grandes fleurs rouge vif, en longues grappes pendantes, auxquelles succèdent de petits fruits noirs, saupoudrés d'une poussière blanchâtre. Il a produit une variété à fleurs plus colorées et plus belles, une autre à fleurs doubles. Le groseiller élégant (*R. speciosum*), originaire de la Californie, comme le précédent, mais moins rustique, a des fleurs pendantes, à étamines saillantes, qui lui donnent l'aspect d'un fuchsia. Le groseillier de Menzies (*R. Menziesii*) en diffère surtout par sa taille plus petite et ses fleurs plus foncées. Citons encore le groseillier mauve (*R. malvaceum*), à fleurs roses, paraissant de février en avril.

Groseilliers à fleurs jaunes. Le groseillier doré (*R. aureum*), de la Californie, est un arbrisseau de 1^{m}.50 à 3 mètres, à feuilles trilobées, glabres, à fleurs jaunes, un peu rougeâtres au sommet, disposées en grappes pendantes. Le groseillier palmé (*R. palmatum*) en diffère par ses fleurs plus longues, et le groseillier de Colombie (*R. tenuiflorum*) par la dimension plus petite de toutes ses parties. Le groseillier de Gordon (*R. Gordonianum*), regardé comme un hybride des groseilliers doré et sanguin, a des fleurs d'un jaune rougeâtre, souvent aussi des fleurs jaunes et des fleurs rouges sur la même grappe. Citons encore le groseillier de Syrie (*R. orientale*) et le groseillier florifère (*R. floridum*), à rameaux pendants.

Groseilliers à fleurs blanches ou vertes. Nous citerons surtout le groseillier des neiges (*Ribes glaciale*), du Népaul, à fleurs blanches; le groseillier de cire (*R. cereum*), à feuilles couvertes d'une poussière cireuse et à fleurs blanc rosé; le groseillier multiflore (*R. multiflorum*), de la Croatie, à fleurs blanc jaunâtre; le groseillier cynobaste (*R. cynobasti*), du Canada, à fleurs vertes; le groseillier des rochers (*R. saxatile*), de Sibérie, arbuste de 1^{m}.50 à 2 mètres, à fleurs verdâtres; le groseillier des Alpes (*R. alpinum*), grand arbrisseau à fleurs vert jaunâtre; enfin le groseillier couché (*R. prostratum*), de Virginie, à fleurs vert noirâtre.

Saxifragées.

L'hydrangée des jardins (*Hydrangea hortensia*), vulgairement *Hortensia* ou *Rose du Japon* (fig. 9), est un arbuste de 1 à 2 mètres, à rameaux semi-ligneux, portant de grandes feuilles ovales aiguës, persistant quelquefois dans les hivers

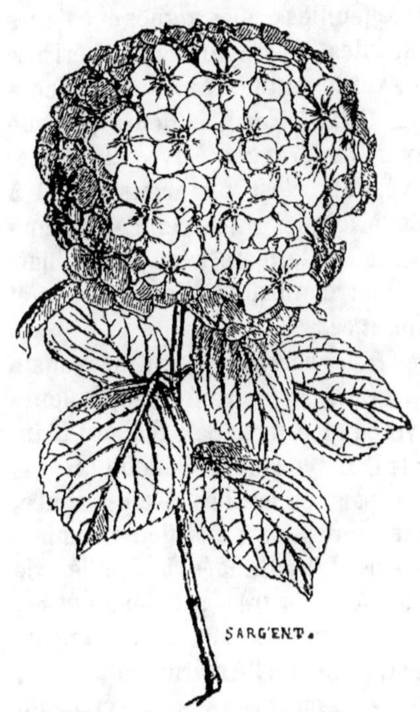

Fig. 9. Hydrangée hortensia.

doux. Depuis juin jusqu'en novembre, il se couvre d'énormes corymbes globuleux de fleurs roses, passant souvent au rouge vif ou au bleu pur, au violacé et enfin au blanc sale. On connaît ce magnifique arbuste et l'effet qu'il produit, surtout dans les plates-bandes. Il demande une terre fraîche et une exposition à mi-soleil. Dans le Nord, il souffre des hivers rigoureux, si l'on n'a pas le soin de couvrir son pied de feuilles sèches. On a une variété à feuilles panachées de jaune.

L'hydrangée du Japon (*H. Japonica*) n'est probablement que le type primitif de l'hortensia, dont elle diffère par ses fleurs en corymbes aplatis, rosé bleuâtre au centre et blanc rosé à la circonférence ; elle fleurit en août. La même contrée nous a donné l'hydrangée à involucres (*H. involucrata*), arbrisseau de 1 mètre, formant un beau buisson étalé, à grandes feuilles et à cimes florales entourées d'un involucre avant leur épanouissement ; les fleurs, roses, lilas ou jaune pâle, sont quelquefois doubles et ressemblent alors à de petites roses pompon ; et l'hydrangée pubescente (*H. pubescens*), remarquable surtout par la couleur rouge vif de ses pétioles et des nervures des feuilles, et dont les fleurs verdâtres forment une large cime étalée.

L'hydrangée paniculée (*H. paniculata*), du Japon, est un arbuste à rameaux réfléchis, à feuilles ovales aiguës et à fleurs blanches presque toutes stériles. Les hydrangées hérissée (*H. hirta*), à fleurs bleues; verdoyante (*H. virens*), à fleurs blanches; de Thunberg (*H. Thunbergii*), à fleurs presque rouges, sont du même pays. L'hydrangée élevée (*H. altissima*) est originaire du Népaul; c'est un arbuste de 1 à 2 mètres, à rameaux étalés, à feuilles pubescentes, à fleurs blanches. Toutes ces espèces ont le tempérament de l'hortensia; elles demandent une terre substantielle et humide et une exposition à demi-ombragée.

L'hydrangée de Virginie (*H. arborescens*), est un arbuste de 1 à 2 mètres, à feuilles grandes et cordiformes, à fleurs disposées en un large corymbe plan terminal, d'abord blanches, puis roses et odorantes. L'hydrangée blanche (*H. nivea*) s'en distingue surtout par ses feuilles ovales aiguës, blanchâtres et cotonneuses en dessous; ses fleurs rappellent celles de la viorne-obier. L'hydrangée à feuilles de chêne (*H. quercifolia*) a des feuilles très-grandes, lobées, et des fleurs blanches, passant au rose, en grandes panicules. Ces trois espèces, originaires de l'Amérique du Nord, se cultivent comme l'hortensia; mais elles sont beaucoup plus rustiques. Elles prospèrent très-bien à l'exposition du nord.

L'itéa de Virginie (*Itea Virginica*) est un arbrisseau de 1 mètre à 1ᵐ.50, à feuilles ovales aiguës, d'un beau vert, sur lesquelles se détachent, en été, des grappes de fleurs blanches. L'itéa à grappes (*I. racemiflora*) est un grand arbrisseau, de 4 à 5 mètres, à tige rameuse, à feuilles lancéolées; c'est en juin que paraissent ses fleurs blanches, nombreuses, en grappes latérales et d'un bel effet. Ces deux arbrisseaux, originaires des Etats-Unis, viennent bien en plein air sous nos climats; mais ils demandent une terre légère, humide, ou même tourbeuse, et une exposition ombragée.

Araliacées.

L'aralie épineuse (*Aralia spinosa*), vulgairement *angé-
lique épineuse*, est un arbrisseau de 2 à 4 mètres, à feuilles
très-grandes, tripennées, glabres, d'un beau vert; ses fleurs
petites, d'un blanc sale, à odeur de lilas, groupées en petites ombelles, dont l'ensemble constitue une immense panicule terminale, paraissent vers la fin de l'été. L'aralie de
Chine (*A. Sinensis*) s'en distingue par sa taille plus petite,
ses feuilles plus grandes et pubescentes. L'aralie blanchâtre
(*A. canescens*), du Japon, est un arbrisseau de 1 à 2 mètres,
à feuilles très-grandes, glabres en dessus, pubescentes et
blanchâtres en dessous. Ces arbrisseaux sont rustiques et
croissent dans tous les sols. Ils font un aussi bon effet isolés que dans les massifs.

Hamamélidées.

L'hamamélide de Virginie (*Hamamelis Virginica*) est
un arbrisseau de 4 à 5 mètres, à feuilles obovales, cordiformes, rappelant assez celles du noisetier. Elle produit, à
l'automne, des fleurs fasciculées, à quatre pétales longs et
étroits, d'un jaune assez vif; elles ont peu d'éclat, mais se
conservent longtemps après la chute des feuilles. Les fruits
persistent pendant tout l'hiver. Cet arbrisseau préfère un
terrain frais et léger, et une exposition à mi-ombre. Bien
que très-ordinaire au point de vue ornemental, il mérite, vu
sa rusticité, de trouver place dans les massifs, dont il peut
d'ailleurs garnir les vides par ses drageons.

Fothergille à feuilles d'aune (*Fothergilla alnifolia*). Cet
arbrisseau, haut de 1 mètre à 1ᵐ.50, a des rameaux cotonneux et blanchâtres, portant des feuilles ovales, obtuses,
blanchâtres en dessous; ses fleurs, dépourvues de corolle,
mais munies d'étamines blanches et longuement saillantes,
forment, en avril et mai, des épis ovoïdes, et répandent une
odeur agréable. Cet arbrisseau, originaire de la Caroline,

est assez rustique, et vient bien dans les terrains frais et légers, à une exposition ombragée. Il paraît toutefois préférer la terre de bruyère.

Cornées.

Le cornouiller sanguin (*Cornus sanguinea*) est un arbrisseau indigène, dont les tiges nombreuses, hautes de 1^m.50 à 2 mètres, d'un beau rouge, portent des feuilles ovales, aiguës, d'un vert foncé, et se couronnent, en juin, de fleurs blanches en ombelles terminales, auxquelles succèdent des baies d'un pourpre noirâtre. Le cornouiller blanc (*C. alba*), du Canada, s'en distingue par ses feuilles plus larges, ses fleurs plus tardives et ses fruits bleuâtres. Dans le cornouiller à feuilles alternes (*C. alternifolia*), du même pays, les fruits sont noir violacé. On peut citer encore le cornouiller à fruit bleu (*C. cærulea*), à fleurs blanches et à fruits bleu de ciel, et le cornouiller de Sibérie (*C. Sibirica*), à écorce d'un rouge de corail.

Le cornouiller à grandes fleurs (*C. florida*), originaire de l'Amérique du Nord, est un grand arbrisseau, de 4 à 5 mètres, à feuilles très-larges, généralement ondulées ou crispées, plus pâles en dessous, et devenant rouges à l'automne; il donne, en mai, de très-petites fleurs jaunes, entourées d'un involucre blanc pur ou blanc rosé, qui simule une grande corolle et produit beaucoup d'effet. Le cornouiller de Nuttall (*C. Nuttallii*), de l'Orégon, a un plus beau feuillage, et un involucre plus grand, mais plus terne. Le cornouiller paniculé (*C. paniculata*) a des fruits rouges, en grappes, persistant tout l'hiver. Ces espèces, comme notre cornouiller mâle (*C. mas*), sont rustiques et conviennent pour les bosquets et les massifs.

La benthamie porte-fraises (*Benthamia fragifera*) est un arbrisseau de 3 à 5 mètres, à feuilles ovales, oblongues, blanchâtres en dessous, rappelant celles du cornouiller mâle; ses fleurs petites, blanc jaunâtre, sont groupées en capitules entourés de grandes bractées d'un blanc soufré, qui deviennent violettes en vieillissant; ses fruits d'un beau rouge ressemblent à de grosses fraises. Originaire du Népaul, cette espèce est parfaitement rustique dans le midi et l'ouest, mais délicate pour le climat de Paris. Elle est du reste ornementale au plus haut degré, et convient également aux massifs et aux plantations isolées.

Caprifoliacées.

Les chèvrefeuilles (*Lonicera*) à tiges dressées et non grimpantes, sont souvent désignés sous le nom de chamécerisier ou chamérisier (*Chamæcerasus*). On remarque surtout, dans ce groupe, les chèvrefeuilles de Tartarie (*L. Tatarica*), arbrisseau buissonneux de 2ᵐ.50 à 3 mètres, à feuilles vert bleuâtre, à fleurs blanches, blanc rosé ou rouges, paraissant en mars et avril; des Pyrénées (*L. Pyrenaica*), arbuste de 1 mètre à 1ᵐ.50, à feuilles glauques, à fleurs blanc rosé ou rose jaunâtre, en mai et juin; des Alpes (*L. alpigena*), à rameaux touffus, feuilles larges, fleurs roses et fruits rouges, du volume d'une cerise; des haies (*L. xylosteon*), haut de 2 à 3 mètres, à fleurs jaunâtres, et à fruits blancs, jaunes, rouges ou noirs.

Nous citerons encore les chèvrefeuilles de Ledebour (*L. Ledebourii*), de l'Amérique du Nord, arbrisseau de 1ᵐ.50 2 mètres, à feuilles oblongues aiguës, luisantes, d'un beau vert, à fleurs jaune rougeâtre, accompagnées d'un involucre et de bractées rouges, depuis avril jusque dans l'été; odorant (*L. fragrantissima*), à fleurs blanches, d'une odeur suave, en janvier ou février. Tous ces arbrisseaux sont d'une grande rusticité; mais ils fleurissent mieux en terre chaude et légère. Les chèvrefeuilles d'Espagne (*L. Iberica*), à fleurs roses, et du Mexique (*L. gibbosa*), à fleurs jaunes, sont plus délicats et exigent une couverture de feuilles, en hiver. Les chèvrefeuilles sont sujets aux attaques des pucerons.

La symphorine à grappes (*Symphoricarpos racemosa*), vulgairement *arbre aux perles*, est un arbrisseau de 2 mètres, rameux, à feuilles glauques en dessous; tout l'été, il est couvert de grappes de fleurs roses, auxquelles succèdent des fruits blancs, du volume d'une cerise, qui persistent tout l'hiver; elle croît au Canada. La symphorine à petites fleurs (*S. parviflora*), de la Caroline, s'en distingue par sa taille deux fois moindre, ses fleurs blanches, et ses fruits plus petits d'un rouge vineux. Ces deux arbrisseaux sont très-rustiques. La symphorine du Mexique (*S. Mexicana*) a de longues feuilles, des fleurs rosées et des fruits blancs, lavés de rose ou de violet; plus délicate, elle demande une couverture par les grands froids.

La dierville du Canada (*Diervilla Canadensis*) est un arbrisseau de 1^m.50, à tiges nombreuses, simples, dressées, portant des feuilles ovales aiguës; depuis juin jusqu'aux gelées, elle se couvre de fleurs jaunes, petites, légèrement odorantes, réunies en petits bouquets. Cet arbrisseau est très-rustique, et croît dans presque tous les sols, mais mieux en terre fraîche et à une exposition demi-ombragée. Il fait très-bien, isolé ou dans les massifs.

La weigélie rose (*Weigelia rosea*), vulgairement *Dierville du Japon*, est un arbrisseau de 1^m.50 à 2 mètres, à feuilles oblongues, velues en dessous, à fleurs roses, nombreuses et très-élégantes, paraissant dès le mois d'avril et se succédant souvent tout l'été. Originaire de Chine, elle présente plusieurs variétés, les unes de plus grande taille, les autres à feuilles panachées, d'autres enfin à fleurs plus grandes ou diversement colorées de blanc, de jaune, de rouge, de carmin ou de violet. Ces arbrisseaux viennent bien en terre légère ordinaire, mais mieux dans un sol fertile et substantiel; ils sont fort rustiques et contribuent beaucoup, par la beauté de leurs fleurs, à l'ornement des massifs.

La leycestérie élégante (*Leycesteria formosa*) (fig. 10) est un arbrisseau rameux, de 1^m.50 à 2 mètres, à feuilles ovales aiguës, entières ou découpées; ses fleurs blanches, blanc rosé ou purpurines, accompagnées de larges bractées pourpre brunâtre, et disposées en grappes terminales pendantes, se succèdent pendant tout l'été; ses fruits sont d'un rouge violacé. On possède une variété à feuilles panachées.

Cet arbrisseau, originaire des montagnes du Népaul, demande une terre légère et fraîche et une exposition ombra-

Fig. 10. Leycestérie élégante.

gée. Il est un peu délicat et redoute les hivers rigoureux;
aussi doit-on alors couvrir le pied de litière ou de feuilles
sèches. Il produit un fort joli effet, surtout par ses fruits.

Le sureau commun (*Sambucus nigra*) est un grand arbrisseau de 4 à 5 mètres, portant des feuilles à cinq folioles,
d'un beau vert; en juin, il se couvre de larges et nombreuses
ombelles de fleurs blanches, très-odorantes, auxquelles succèdent de petits fruits noirs. Il présente de nombreuses variétés : à folioles arrondies, ou laciniées, ou diversement panachées de jaune et de blanc; à fleurs blanc carné; à fruits
blancs ou verts, etc. Une des plus remarquables est celle
dont les feuilles persistent dans les hivers doux. Cet arbrisseau indigène est d'une rusticité à toute épreuve; il vient
dans tous les sols et à toute exposition, et produit un bel
effet, soit isolé, soit dans les massifs, soit en haies ou en
palissades.

Le sureau du Canada (*S. Canadensis*) ressemble beaucoup à notre sureau commun; mais il ne dépasse pas 2 mètres, et reste à l'état d'arbrisseau buissonnant; ses feuilles, ordinairement à sept ou neuf folioles, sont pubescentes en dessous. Ses fleurs, moins odorantes, forment des ombelles plus larges, et se succèdent pendant plus longtemps. On a obtenu une variété à fleurs doubles. Ses fruits sont noir bleuâtre. On cultive encore les sureaux pubescent (*S. pubens*); glauque (*S. glauca*), à fruits vert glauque; et de Californie (*S. Californica*), dont les feuilles d'un beau vert persistent jusqu'aux grands froids. Toutes ces espèces, originaires de l'Amérique du Nord, supportent parfaitement notre climat.

Le sureau à grappes (*S. racemosa*) est un arbrisseau de 3 à 4 mètres, à feuilles très-grandes, à cinq ou sept segments oblongs. En avril ou mai, il donne des fleurs blanc jaunâtre ou verdâtre, en panicules ovoïdes compactes, auxquelles succèdent des grappes de fruits d'un beau rouge écarlate, qui persistent longtemps et produisent un très-bel effet. On possède des variétés à feuilles laciniées ou panachées. Cette espèce, originaire des régions montueuses de l'Europe, est aussi rustique que le sureau commun; mais elle est bien plus recherchée, surtout pour les massifs, quoiqu'elle figure très-bien aussi isolée sur les pelouses.

Le genre viorne (*Viburnum*) renferme de nombreuses espèces d'ornement. La viorne commune ou mancienne (*V. lantana*) est un arbrisseau indigène, de 1^{m}.50 à 2 mètres, à feuilles ovales, cotonneuses en dessous, rouges à l'automne; à ses fleurs blanches en corymbe, paraissant en mai et juin, succèdent des baies rouges, puis noires. Il y a une variété à feuilles panachées. Les viornes à feuilles de prunier (*V. prunifolium*) et à manchettes (*V. lentago*), toutes deux de l'Amérique du Nord, ont des feuilles ovales dentées et des fleurs blanches, qui s'épanouissent en juin et juillet. Ces trois espèces sont rustiques, et méritent de figurer dans les massifs. Elles prospèrent dans tous les sols, et la première vient même dans la craie.

Parmi les espèces qui, par leur port, se rapprochent plus

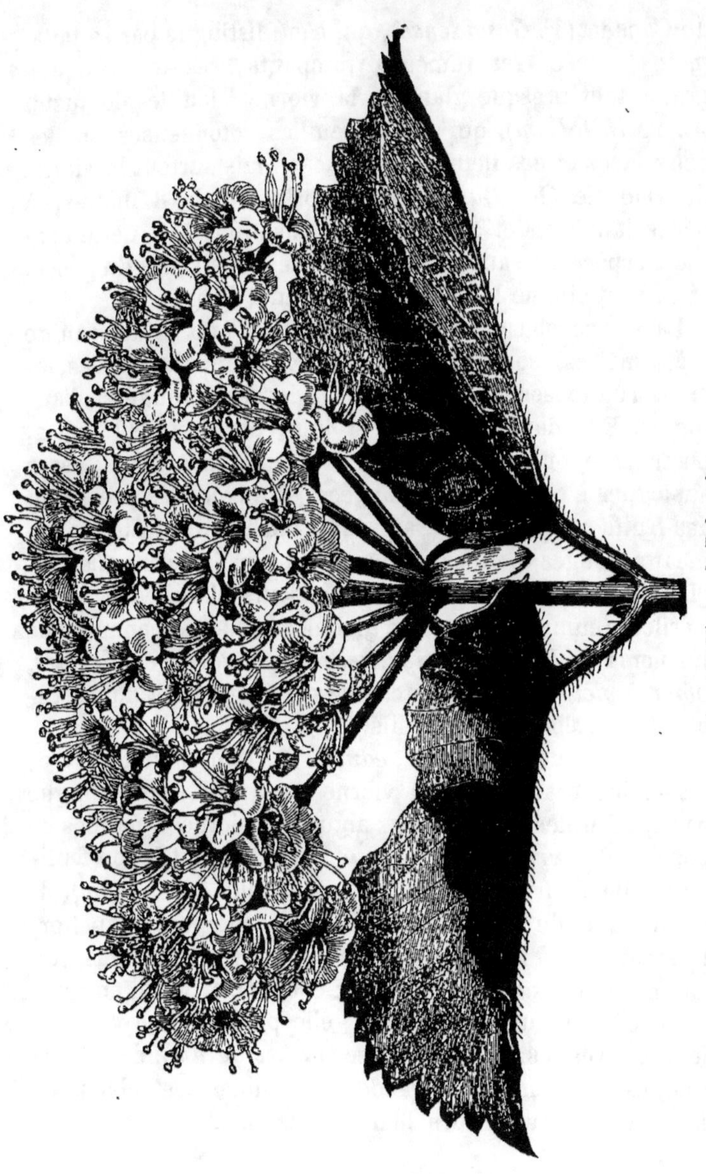

Fig. 11. Viorne de Dahourie.

ou moins de la viorne mancienne, nous citerons la viorne

du Canada (**V.** *Canadense*), qui s'en distingue par sa taille moins élevée, ses rameaux rampants, ses feuilles plus grandes et presque glabres; la viorne à feuilles de fustet (*V. cotinifolium*), qui a des feuilles cotonneuses sur les deux faces et des fleurs plus larges; mais surtout la viorne de Daourie (*V. Dahuricum*), arbrisseau de 3 mètres, à fleurs jaunâtres et à corolle tubuleuse (fig. 11). Cette dernière espèce est sans contredit une des plus belles du genre, et sa rusticité ne laisse d'ailleurs rien à désirer.

La viórne obier (*Viburnum opulus*) est un arbrisseau de 3 à 4 mètres, souvent buissonneux, à feuilles palmées, lobées, rugueuses, d'un beau vert, devenant rouges à l'automne. Elle donne, en mai et juin, des fleurs blanches, blanc rosé ou blanc jaunâtre, en corymbes plans, assez analogues à ceux des hydrangées, et auxquelles succèdent des fruits rouge vif. Elle a produit plusieurs variétés, à rameaux rouges et luisants, à feuilles panachées; mais la plus remarquable est la variété à fleurs blanches et toutes stériles, réunies en corymbe globuleux; elle est connue sous les noms de *boule-de-neige*, *rose de Gueldres*, *caillebotte*, *obier à fleurs doubles*, etc. Elle est rustique et d'un très-bel effet, isolée ou en massifs.

La viorne comestible (*V. edule*), de l'Amérique du Nord, ressemble beaucoup à la viorne obier; elle s'en distingue par ses feuilles à lobes plus aigus. La viorne à feuilles de poirier (*V. pyrifolium*) se reconnaît aisément à son feuillage; elle fleurit en juin. La viorne nue (*V. nudum*), de l'Amérique du Nord, comme la précédente, est un bel arbrisseau de 4 à 5 mètres, à grandes feuilles lancéolées, luisantes et roulées sur les bords; elle fleurit aussi en juin; mais elle est un peu délicate; elle présente une variété à feuilles crépues. La viorne lisse (*V. lævigatum*), de la Caroline, est un peu moins grande; ses feuilles sont oblongues lancéolées, et ses fleurs blanches se montrent en juin et uillet.

La viorne à feuilles plissées (**V.** *plicatum*) est un arbrisseau à feuilles arrondies, dentées, connu surtout par sa

Fig. 12. Viorne à grosses têtes.

variété à fleurs stériles, dont les corymbes globuleux d'un blanc pur rappellent ceux de la boule-de-neige. Mais ces deux espèces sont bien inférieures, sous ce rapport, à la viorne à grosses têtes (*V. macrocephalum*) (fig. 12), récemment importée de Chine, et parfaitement rustique, comme la précédente. La viorne améthyste (*V. amethystinum*), du même pays, et la viorne cylindrique (*V. cylindricum*), du Népaul, sont plus délicates; dans le nord et l'est de la France, il est prudent de couvrir leur pied de feuilles pendant les grands froids.

L'abélie uniflore (*Abelia uniflora*) est un arbuste de 1 mètre, à feuilles opposées, coriaces et glabres, et à fleurs roses, généralement solitaires, paraissant en été. L'abélie de Chine (*A. Sinensis*), dont le nom indique la patrie, qui est aussi celle de la précédente, diffère de celle-ci par ses feuilles légèrement pubescentes et ses fleurs groupées par trois. Ces deux espèces viennent bien en plein air, en terre légère, meuble et chaude, et à une exposition abritée. Les abélies des rochers (*A. rupestris*), de Chine; triflore (*A. triflora*, de l'Inde, et florifère (*A. floribunda*), du Mexique, sont plus délicates, et ne résistent, dans le nord et l'est, qu'aux hivers doux.

Rubiacées.

Le céphalanthe d'Occident (*C. occidentalis*), vulgairement *bois-bouton*, est un arbrisseau de 1ᵐ.50 à 2 mètres, à rameaux rouges au sommet, à feuilles grandes, ovales, lancéolées, opposées ou ternées; ses fleurs, petites, blanches ou blanc jaunâtre, en cimes arrondies, s'épanouissent en été. Cet arbrisseau, originaire de l'Amérique du Nord, demande une terre compacte et humide et une exposition ombragée; aussi convient-il surtout pour les parties abritées des massifs. Il est un peu délicat pour le climat de Paris.

Composées.

L'armoise aurone (*Artemisia abrotanum*), vulgairement

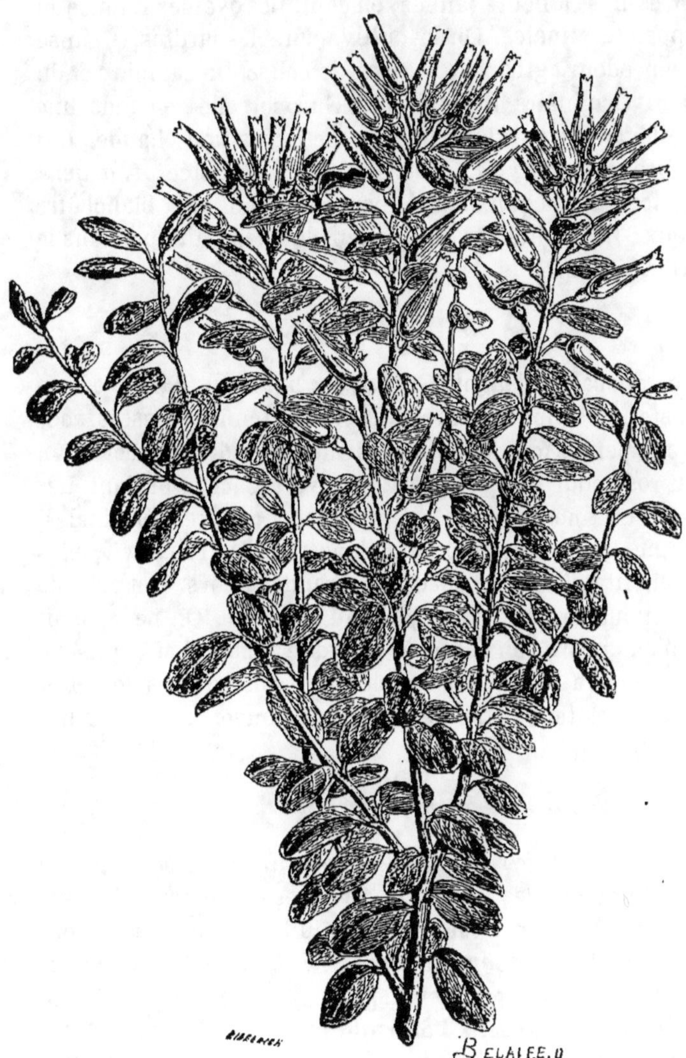

Fig. 13. Gonocalyx élégant.

aurone mâle, *citronnelle* ou *garde-robe*, est un arbuste
de 1 mètre, à feuilles élégamment découpées en lobes linéai-

res très-fins, à fleurs jaunes, en capitules ovoïdes réunies en grappes terminales. On la cultive dans les jardins, à cause de son odeur agréable qui tient de celles du camphre et du citron. Originaire du midi de l'Europe, elle demande une terre légère ôt substantielle et une exposition chaude. Les armoises en arbre (*A. arborescens*) et argentée (*A. argentea*) font beaucoup d'effet par leur feuillage blanchâtre soyeux; mais elles ne supportent le plein air que dans le midi et l'ouest.

Vacciniées.

Le gonocalyx élégant (*Gonocalyx pulcher*) (fig. 13) est un arbuste buissonneux, à rameaux serrés, touffus, dressés, couverts de petites feuilles obtuses, ovales arrondies, d'abord d'un beau rose pourpre, plus tard d'un vert foncé et brillant. Les fleurs, très-nombreuses, disposées en grappes terminales, ont une teinte qui varie du blanc rosé au rouge vif; elles rappellent celles de l'épacris à grandes fleurs. Cet arbuste est originaire des montagnes du Mexique. On ne connaît pas bien encore son degré de rusticité; mais il est probable qu'on pourra le cultiver en plein air, même dans le Nord, à une exposition chaude et avec une couverture de feuilles en hiver.

Styracées.

L'aliboufier (*Styrax officinale*) est un arbrisseau de 3 à 5 mètres, à feuilles ovales, blanchâtres en dessous, à grandes fleurs blanches, paraissant en juillet; le fruit est cotonneux et de la grosseur d'une noisette. L'aliboufier ressemble au coignassier par son feuillage, à l'oranger par ses fleurs. Originaire des côteaux boisés du midi de l'Europe, il supporte assez bien les climats du nord; mais il lui faut une terre douce et fertile et une exposition abritée. Les aliboufiers d'Amérique (*S. Americana*) et glabre (*S. lœvigatum*), originaires de la Caroline, se cultivent de même. Ces arbrisseaux figurent très-bien dans les bosquets.

L'halésie à quatre ailes (*Halesia tetraptera*) est un élégant arbrisseau, de 4 à 5 mètres, à feuilles lancéolées, à fleurs d'un blanc pur, pendantes, en petites grappes, paraissant en avril et mai. Originaire de la Caroline, elle a produit une variété à fleurs roses. L'halésie à deux ailes (*H. diptera*), de la Pensylvanie, se distingue de la précédente par ses feuilles plus amples et d'un vert plus foncé, ses fleurs plus grandes et plus nombreuses, ses fruits plus gros et à deux ailes. Ces arbrisseaux méritent d'être répandus dans nos jardins; ils aiment une terre franche, légère, et une exposition à demi ombragée. L'halésie à petites fleurs (*H. parviflora*), de la Floride, est aussi élégante et un peu moins rustique.

Oléinées.

La fontanésie de Fortune (*Fontanesia Fortunei*) (fig. 14) est un arbuste vigoureux, très-rameux, à branches couvertes d'une écorce subéreuse gris foncé, à jeunes rameaux couverts d'une écorce noire et luisante, portant des feuilles longues, lancéolées, d'un vert sombre, luisant en dessus, pâle et mat en dessous; ses fleurs blanches, en grappes terminales, paraissent en septembre et octobre. Originaire des parties froides de la Chine, cet arbrisseau est éminemment rustique. Il se plaît dans les terrains un peu secs. La teinte très-foncée de ses rameaux et de son feuillage lui assigne une place dans les massifs, où il sert de fond aux nuances plus gaies des autres végétaux.

Lilas ordinaire (*Syringa vulgaris*). Cet arbrisseau, haut de 3 à 4 mètres, le plus souvent buissonneux, a de grandes feuilles cordiformes, d'un beau vert; ses fleurs lilacées, d'une odeur suave, forment de grandes panicules terminales; elles s'épanouissent en mai. Le lilas, dont la patrie est inconnue, a produit plusieurs variétés à feuilles panachées de jaunes ou de blanc, à fleurs violacées ou bleuâtres, pourpre violacé, rouge foncé ou d'un blanc pur, en panicules plus ou moins compactes. Les plus remarqua-

bles sont les lilas *Charles* X et *de Marly*. Cet arbrisseau
est d'une rusticité à toute épreuve, et vient bien partout;

Fig. 14. Fontanésie de Fortune.

mais il fleurit beaucoup mieux à une exposition découverte.
On le plante isolé, en massifs ou en baies.

Le lilas Varin ou de Rouen (*S. dubia*) se distingue du

précédent par ses feuilles ovales lancéolées, ses fleurs plus tardives, d'un violet plus foncé, disposées en thyrses plus allongés et plus compactes. Originaire de la Chine, il a produit plusieurs variétés, parmi lesquelles on remarque surtout le lilas Saugé, à fleurs rouge violacé. On peut citer encore le lilas Josika (*S. Josikæa*), de Hongrie, arbrisseau à port plus ferme, à rameaux dressés, à fleurs violacées, de quinze jours plus tardives ; le lilas de l'Himalaya (*S. Emodi*), à feuilles glauques, à fleurs blanchâtres, petites, mais nombreuses, et le lilas de Chine (*S. oblata*), à feuilles sinuées et à fleurs rouges ou blanches, petites, en grappes lâches et allongées.

Le lilas de Perse (*S. Persica*) est un arbrisseau de 1$^\text{m}$.50 à 2 mètres, à rameaux grêles, à feuilles lancéolées, entières ou diversement découpées ; ses fleurs, petites, d'un pourpre clair, en thyrses lâches et allongés, s'épanouissent en mai. On possède des variétés naines ; d'autres à feuilles très-découpées, laciniées ou déchiquetées (lilas à feuilles de persil), d'autres encore à fleurs blanches ou violet bleuâtre. Cette espèce est un peu moins rustique que les précédentes ; elle souffre quelquefois dans les hivers rigoureux. Elle produit d'ailleurs moins d'effet quand elle est isolée. Pour cette double cause, on doit la planter dans les parties abritées des massifs. Elle vient en tout terrain, mais mieux dans un sol argilo-siliceux.

Forsythie à feuillage sombre (*Forsythia viridissima*). C'est un arbrisseau de 3 à 4 mètres, formant un buisson épais, à feuilles d'un vert sombre, presque noirâtre ; ses fleurs campanulées, assez grandes, très-nombreuses, d'un jaune brillant, apparaissent dès la fin de l'hiver, avant les feuilles. Cet arbrisseau, originaire de Chine, est précieux pour les massifs, à cause de la couleur sombre de son feuillage, qui fait ressortir celui des autres végétaux. Les Forsythies élevée (*F. suspensa*) et de Fortune (*F. Fortunei*) se plaisent surtout palissées contre un mur, à l'exposition du nord. Ces arbrisseaux préfèrent une terre franche, légère et fraîche.

Chionanthe de Virginie (*Chionanthus Virginica*), vulgai-

rement *arbre de neige*. Cet arbrisseau, haut de 3 à 4 mètres,
à rameaux nombreux et étalés, porte des feuilles grandes,
oblongues, aiguës, d'un beau vert en dessus, plus pâles en
dessous. En mai et en juin, il se couvre de fleurs d'un blanc
pur, disposées en grandes panicules, et à corolle divisée en
quatre lobes longs et étroits. On possède des variétés à
feuilles plus larges ou plus étroites. Cet arbrisseau, qui est
très-rustique, préfère la terre franche, humide et une exposition à demi ombragée. Il figure aussi bien isolé que dans
les massifs.

Solanées.

Le lyciet d'Europe (*Lycium Europæum*) est un arbrisseau
épineux, à rameaux grêles et traînants, à feuilles lancéolées,
à fleurs solitaires ou géminées, d'un violet pâle et à fruits
d'un rouge brillant. Le lyciet de Barbarie (*L. Barbarum*),
vulgairement *Jasminoïde*, s'en distingue par ses feuilles
plus petites, ses fleurs blanc pourpré et ses fruits rouge-
orangé. Le lyciet de Chine (*L. Sinense*), souvent confondu
avec le précédent, se reconnaît à ses feuilles ternées et à ses
fleurs pourpres. Ces abrisseaux rustiques servent à orner
les rocailles et les terres en pente. Peu remarquables par
leurs fleurs, ils produisent un très-bel effet vers la fin de
l'été, quand ils sont couverts de leurs fruits très-nombreux.

Verbénacées.

Le gattilier commun (*Vitex Agnus-castus*), vulgairement
arbre au poivre, est un arbrisseau buissonneux, de 2 à
4 mètres, à feuilles digitées, blanchâtres en dessous, à fleurs
petites, violettes, gris de lin ou blanches, en petites panicules
terminales, paraissant en été. On en possède une variété
(*V. latifolia*), à folioles plus larges, à fleurs plus grandes et
plus colorées. Cette espèce croît dans le midi de la France.
Le gattilier incisé (*V. incisa*), de la Chine, se reconnaît à ses
folioles plus étroites et diversement découpées, à ses fleurs
plus petites et d'un violet pâle. Ces deux arbrisseaux sont

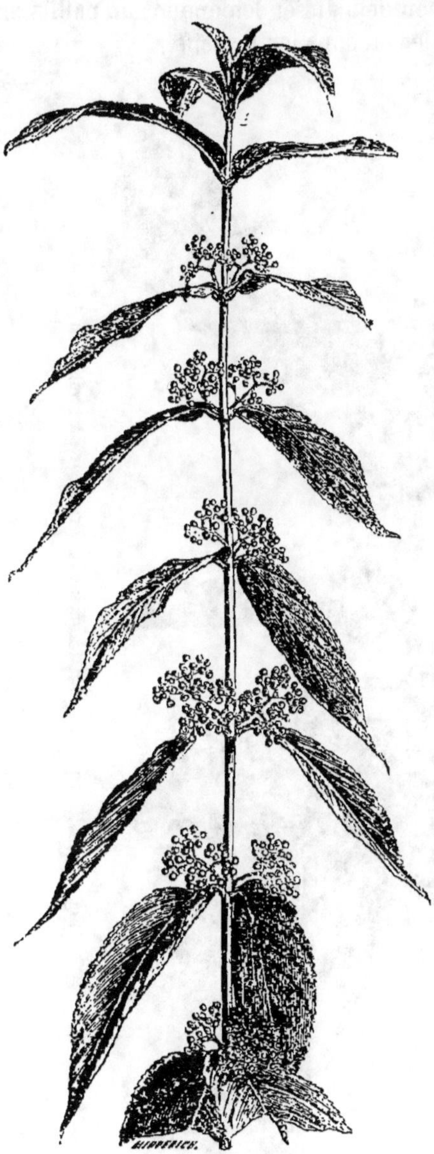

Fig. 15. Callicarpe pourpre

rustiques; mais ils préfèrent un sol léger et sec et une exposition chaude. Le gattilier en arbre (*V. negundo*), de la Chine, est plus délicat.

Le callicarpe pourpré (*Callicarpa purpurea*) (fig. 15) est un arbuste de 1 mètre, couvert dans toutes ses parties d'un duvet étoilé et de poils glanduleux; il a des feuilles lancéolées, ponctuées de pourpre, et de petites fleurs de cette dernière couleur. Mais ce qui le distingue surtout, ce sont ses grappes abondantes de fruits d'un beau violet pourpré (fig. 16), qui persistent pendant tout l'hiver. Cette espèce est originaire de la Chine. On cultive aussi les callicarpes du Japon (*C. Japonica*) et d'Amérique (*C. Americana.*) Ces arbrisseaux préfèrent une terre légère et

meuble; ils sont un peu délicats et demandent un paillis en
hiver. Ils font bien isolés ou dans les massifs.

Fig. 16. Callicarpe pourpré fragment de grandeur naturelle)

Atriplicées.

Arroche halime (*Atriplex halimus*), vulgairement *pourpier de mer*. Cet arbrisseau, haut de 1 à 2 mètres, se divise en rameaux nombreux, dressés, portant des feuilles ovales, charnues, d'un vert glauque, à reflets grisâtres cendrés et comme argentés. Les fleurs sont verdâtres et de peu d'apparence. Cette espèce, très-répandue dans le midi de la France, est rustique dans le Nord; elle demande une terre sableuse et fraîche. L'arroche halime figure très-bien dans les massifs, à cause de son feuillage; on en fait aussi des haies. L'arroche à feuilles de pourpier (*A. portulacoïdes*) est beaucoup plus petite et peu cultivée dans les jardins.

Laurinées.

Benjoin odorant (*Benzoin odoriferum*), appelé aussi *laurier benjoin*. Cet arbrisseau rameux, haut de 2 à 3 mètres, porte des feuilles ovales aiguës, glabres, d'un vert gai en dessus, pâles et glauques en dessous. En mai apparaissent ses fleurs jaunâtres, auxquelles succèdent des baies d'abord rouge vif, puis pourpre noirâtre. Originaire de l'Amérique du Nord, le benjoin odorant aime une terre légère et humide et une exposition à demi ombragée. Il mérite de figurer dans les massifs. Toutes les parties de cet arbrisseau exhalent une odeur très-agréable.

Thymélées.

Le daphné mézéréon (*Daphne mezereum*), vulgairement *bois-joli* ou *bois-gentil*, est un arbrisseau de 1 mètre au plus, à rameaux dressés, à feuilles lancéolées. Ses fleurs violacées, très-odorantes, paraissent dès le mois de janvier, avant les feuilles, et se succèdent jusqu'en avril; les fruits sont petits et d'un beau rouge. On possède des variétés à feuilles panachées ou pourpre noirâtre, à fleurs d'un beau rouge, à fleurs et à fruits blancs, ou à floraison automnale. Cet arbrisseau indigène est très-rustique et demande une exposition à demi ombragée. Il est précieux pour les massifs et les bosquets d'hiver, à cause de la précocité de sa floraison.

Eléagnées.

Les chalefs (*Elæagnus*) sont de grands arbrisseaux, à feuilles ovales ou lancéolées, épaisses, coriaces, couvertes, surtout à la face inférieure, d'écailles serrées qui leur donnent des reflets métalliques. A leurs fleurs jaunâtres, petites, très-odorantes, succèdent des fruits jaune rougeâtre, du volume et de la forme d'une olive. On remarque surtout les chalefs à feuilles étroites (*E. angustifolia*), vulgairement *olivier de Bohême*, originaire du midi de l'Europe; à fleurs réfléchies (*E. reflexa*) du Japon; argenté (*E. argentea*) de l'Amérique du Nord. Ces arbrisseaux sont rustiques, et jouent, par leur brillant feuillage, un grand rôle dans les massifs. Le second fait aussi très-bien, palissé contre un mur.

Argousier rhamnoïde (*Hippophae rhamnoïdes*), vulgairement *griset* ou *saule épineux*. Ce bel arbrisseau, haut de 4 à 5 mètres, a des rameaux épineux, touffus, portant des feuilles lancéolées, argentées, grisâtres en dessus, tachées de roussâtre en dessous; ses fleurs sont peu apparentes, mais ses fruits petits, nombreux, d'un jaune orangé, produisent un bel effet. Cet arbrisseau, indigène et d'une rusticité parfaite, vient dans tous les sols. Il figure très-bien, soit isolé, soit dans les massifs, à cause de son beau feuillage. On en fait aussi des haies, et l'on s'en sert dans le Nord pour fixer les dunes.

La shépherdie argentée (*Shepherdia argentea*) est un arbrisseau de 4 à 5 mètres, à rameaux épineux, touffus, à feuilles grandes, ovales, argentées, surtout en dessous, et à fruits rouge orangé. La shépherdie du Canada (*S. Canadensis*), vulgairement *argousier du Canada*, s'élève moins et a ses rameaux et ses bourgeons couverts d'écailles brun doré, les feuilles larges, cotonneuses et comme argentées en dessous, et les fruits jaune orangé. Ces deux arbrisseaux, originaires de l'Amérique du Nord, viennent très-bien dans nos climats. Ils ressemblent beaucoup à l'argousier, ont le même tempérament et produisent le même effet ornemental.

Morées.

Le mûrier blanc (*Morus alba*) présente quelques variétés qui restent à l'état d'arbrisseau. Telles sont notamment le mûrier de Constantinople (*M. Constantinopolitana*), haut de 3 à 5 mètres, touffu et trapu, à rameaux courts, portant des feuilles grandes, crépues, luisantes, d'un beau vert, très-nombreuses, et le mûrier nain (*M. nana*), plus petit encore et plus touffu. Le mûrier multicaule (*M. multicaulis*) reste aussi quelquefois très-bas. Bien que ces arbrisseaux ne soient pas des plus remarquables, ils méritent néanmoins d'occuper une place dans les parties abritées des massifs, où ils se distinguent par leur beau feuillage.

Le maclura tricuspidé (*Maclura tricuspidata*) (fig. 17) est un arbuste buissonneux, à rameaux nombreux, très-étalés, épineux, portant des feuilles épaisses, coriaces, luisantes, à trois lobes longuement saillants, surtout le médian. On connaît à peine ses fleurs et ses fruits. Cet arbuste, originaire de la Chine et introduit en France depuis peu de temps, s'est jusqu'à ce jour montré fort rustique. Il se recommande surtout par son feuillage, d'un aspect tout particulier; il produit un très-bon effet, isolé ou dans les massifs, et l'on peut aussi en faire des haies et des palissades.

Salicinées.

Le genre saule (*Salix*) renferme quelques arbrisseaux connus sous le nom collectif d'*osiers* et cultivés en grand pour les usages industriels. Quelques-uns méritent de trouver

place dans les jardins d'agrément. Tels sont, entre autres,
les saules pourpre (*S. purpurea*), à rameaux rouge pourpre

17. Maclura tricuspidé.

foncé, à feuilles longues, étroites et finement dentées; osier
jaune (*S. vitellina*), à rameaux jaune d'or ou orangé, à feuilles
soyeuses blanchâtres en dessous; osier vert (*S. viminalis*),
à rameaux vert jaunâtre, à feuilles lancéolées linéaires, ondulées, soyeuses et argentées; violet ou à feuilles aiguës (*S.
acutifolia*), à rameaux violets, couverts d'une efflorescence

blanc grisâtre; rouge (*S. rubra*), à rameaux olivâtres et à feuilles lancéolées, d'un vert gai.

Nous citerons encore le saule marceau (*S. capræa*), qui produit un bel effet par ses chatons volumineux et d'un jaune d'or paraissant dès la fin de l'hiver; on en possède une variété à feuilles panachées. Les saules cendré (*S. cinerea*) et auriculé (*S. aurita*) se font remarquer par leur feuillage ordinairement pubescent, et marqué à la face inférieure, de nervures roussâtres, saillantes, disposées en réseau. Toutes ces espèces, et beaucoup d'autres moins importantes, sont très-rustiques et peuvent servir à orner le bord des eaux. En général, les saules aiment les terrains humides; toutefois, le saule marceau s'accommode des terres sèches et crayeuses.

Cupulifères.

Le genre chêne (*Quercus*), composé surtout de grands arbres, renferme aussi quelques arbrisseaux. Tel est, entre autres, le chêne de Banister (*Q. Banisteri*), haut de 1 à 2 mètres, à écorce lisse, à feuilles lobées, d'un vert sombre en dessus, blanchâtres en dessous, à glands très-nombreux, ovoïdes arrondis. Cet arbrisseau habite les landes arides des États-Unis. On cultive aussi quelques variétés naines des chênes rouge (*Q. rubra*), prin (*Q. prinus*), saule (*Q. phellos*), etc., du même pays. Ces arbrisseaux sont assez rustiques et résistent à nos hivers; ils méritent, par la beauté de leur feuillage, de trouver place dans les massifs.

Le châtaignier nain (*Castanea pumila*), vulgairement *chincapin*, est un arbrisseau de 4 à 5 mètres, souvent buissonneux, à feuilles petites, oblongues, dentées, blanchâtres en dessous; ses fruits sont également petits. Originaire des États-Unis, il croît à peu près dans tous les sols. Il végète bien sous le climat de Paris. Il préfère les terrains sablonneux et frais. On peut en tirer parti pour les massifs, mais en général on le réserve pour orner le bord des eaux.

Le noisetier commun (*Corylus avellana*), appelé aussi *coudrier* ou *avelinier*, est un arbrisseau de 4 à 5 mètres, à feuilles larges, cordiformes, pubescentes, et à fleurs en chatons; son fruit est trop connu pour avoir besoin d'être décrit. Il a produit plusieurs variétés ornementales, à feuilles panachées, pourpres, découpées ou laciniées. On cultive aussi les noisetiers d'Amérique (*C. Americana*) et cornu (*C. rostrata*), tous deux originaires des États-Unis. Ces arbrisseaux sont rarement plantés dans les jardins, mais plus fréquemment dans les parcs; ils ornent les massifs et les bosquets. Les deux premiers sont très-rustiques; le dernier est plus délicat.

Bétulinées.

Le bouleau nain (*Betula nana*) est un arbrisseau buissonneux, haut de 1 à 2 mètres, à feuilles petites, arrondies, crénelées, d'un vert gai, un peu blanchâtres en dessous; les fleurs sont en chatons verdâtres et de peu d'effet. Cet arbrisseau croît dans les montagnes du centre et du nord de l'Europe. Le bouleau frutescent (*B. fruticosa*) paraît en être une simple variété. On trouve aussi, dans l'Amérique du Nord, un bouleau nain (*B. pumila*), un peu plus grand que le précédent. Ces arbrisseaux, rares dans les jardins, ne sont pas sans mérite. Ils croissent à peu près dans tous les terrains, mais mieux dans les sols sablonneux et frais.

Myricées.

Le galé odorant (*Myrica gale*), vulgairement *piment royal*, *myrte de Brabant*, etc., est un arbrisseau de 1 mètre à 1ᵐ.50, à feuilles lancéolées, dentées, glabres; les fleurs,

qui paraissent avant les feuilles, sont verdâtres; le fruit est
une baie ou une petite drupe rougeâtre. Cet arbrisseau, qui
habite le nord des deux continents, croît dans les lieux marécageux. Il demande donc un sol frais et même humide. Peu
cultivé dans les jardins, il se recommande moins par son
effet ornemental que par son odeur agréable. Il peut servir à orner le bord des eaux. Le cirier de Pensylvanie
(*M. Pensylvanica*) est un peu plus grand et tout aussi rustique.

Graminées.

Le roseau à quenouilles (*Arundo donax*), originaire du
midi de l'Europe, produit des tiges dressées, en touffes,
hautes de 3 à 4 mètres, portant de longues feuilles lancéolées, d'un vert glauque, et couronnées à l'automne par de
grandes panicules de fleurs pourprées. Il demande une terre
humide, et contribue beaucoup à orner le bord des eaux et
les terrains accidentés. La variété à feuilles rubanées de
jaune ou de blanc est plus délicate et plus difficile pour la
nature du sol. Le roseau d'Algérie (*A. Mauritanica*), plus
petit dans toutes ses parties, mais non moins élégant, supporte le climat de Paris, si on le place à une exposition
chaude et dans un sol léger et sablonneux.

Les bambous (*Bambusa*) sont des graminées de haute
taille et d'un port très-élégant. Plusieurs espèces supportent
très-bien la pleine terre sous le climat de Paris. On doit
surtout citer à cet égard le bambou vert glauque (*B. viridi-
glaucescens*), à tiges rameuses, vert jaunâtre, hautes de 2 à
3 mètres, à feuilles vert pâle, bleuâtres en dessous (fig. 18).
Le bambou doré (*B. aurea*), qui n'est peut être qu'une variété
du précédent, s'en distingue surtout par la teinte jaune de
ses tiges à l'âge adulte. Le bambou noir (*B. nigra*) a des
tiges grêles, buissonnantes, hautes de 2 mètres, vert clair,
ponctuées et rayées de pourpre dans le jeune âge, plus tard
d'un noir brillant et comme vernissé.

Le bambou métaké (*B. metake*) atteint la hauteur de

Fig. 18. Bambou vert-glauque.

1^m.50 à 2 mètres ; ses tiges, très-nombreuses et dressées,
sont entièrement cachées par les gaînes des feuilles.

CHAPITRE III

ARBRISSEAUX ET ARBUSTES A FEUILLES PERSISTANTES.

Magnoliacées.

La badiane anisée(*Illicium anisatum*), vulgairement *anis
étoilé*, est un bel arbrisseau de 3 à 4 mètres, à feuilles lancéolées, persistantes, à fleurs jaunâtres, solitaires terminales,
d'une odeur suave, paraissant en avril et mai. Originaire de
la Chine et du Japon, elle croît très-bien en plein air dans le
midi de la France; mais sous le climat de Paris, elle exige
une exposition abritée. Elle produit un bel effet dans les
bosquets, par son feuillage et ses fleurs. La badiane de la
Floride, arbrisseau de 1 à 2 mètres, à fleurs rouge-brun, est
moins délicate. La badiane à petites fleurs (*I. parviflorum*)
est plus rustique encore ; ses fleurs sont d'un blanc jaunâtre

Ménispermées.

Le cocculus du Japon (*Cocculus Japonicus*) est un arbrisseau d'environ 2 mètres, à feuilles arrondies, peltées, d'un
beau vert en dessus, pâles en dessous, à fleurs très-petites
et verdâtres. Le cocculus de la Caroline (*C. Carolinianus*)
atteint la hauteur de 3 mètres ; ses feuilles sont cordées à
la base, et ses fruits rouges. Ces deux arbrisseaux supportent
assez bien le plein air sous nos climats, et leur végétation
est très-vigoureuse, si on les tient dans une terre un peu
fraîche. On les plante surtout dans les bosquets ; mais ils sont
encore fort peu répandus. Le cocculus à feuilles de laurier
(*C. laurifolius*), du Népaul, est plus beau, mais bien moins
rustique.

Berbéridées.

L'épine-vinette aristée (*Berberis aristata*), de l'Himalaya, est un arbrisseau de 2 à 3 mètres; ses feuilles persistantes, luisantes en dessus, deviennent rouges à l'automne; à ses fleurs, lavées de jaune et de rouge, et qui paraissent en juin, succèdent des fruits noirâtres. On distingue aussi les épines-vinettes blanchâtre (*B. dealbata*), du Mexique, à feuilles

Fig. 19. Mahonie de Beal.

rondes, blanchâtres en dessous; à feuilles de buis (*B. buxifolia*), de Magellan, très-petit arbuste, à baies pourpre blanchâtre; de Darwin (*B. Darwini*), du Chili, à fleurs jaune orangé. Cette dernière est un peu délicate. Elle convient, ainsi que la précédente, pour les premiers plans des massifs.

Les mahonies (*Mahonia*) sont des arbrisseaux ou des arbustes à feuilles persistantes, imparipennées, à folioles glabres, d'un beau vert brillant; à fleurs jaune d'or, réunies en grappes, et paraissant au premier printemps; à baies d'un bleu violacé. A toutes les époques, elles font un bel effet, soit isolées, soit en massifs. Les espèces parfaitement rustiques sont les mahonies à feuilles de houx (*M. aquifolium*), de l'Amérique du nord; du Népaul (*M. Nepalensis*); de Fortune (*M. Fortunei*), de la Chine; fasciculée *M. fascicularis*), du Mexique. Leur taille varie de 1^m,50 à 2^m,50. La dernière est moins rustique. Les mahonies rampante (*M. repens*) et nervée (*M. nervosa*) sont de très-petits arbustes, qu'on place au premier plan.

La mahonie du Japon (*M. Japonica*) est la plus belle espèce du genre: ses folioles dépassent souvent un décimètre de longueur. On regarde comme de simples variétés de ce type la mahonie de Beal (*M. Bealii*), arbrisseau de 2 mètres, à feuilles grandes, d'un vert brillant en dessus, glauques et presque jaunâtres en dessous (fig. 19); et la mahonie intermédiaire (*M. intermedia*), à peu près de même taille, mais à feuilles plus petites et à panicules florales moins fournies (fig. 20). Ces arbrisseaux sont parfaitement rustiques. Toutes les mahonies se recommandent également par la beauté de leur feuillage brillant, de leurs fleurs d'un beau jaune et de leurs fruits violacés.

La nandine domestique (*Nandina domestica*) est un arbrisseau de 1 mètre à 1^m,50, à feuilles décomposées, tripennées, persistantes, à folioles ovales-aiguës; ses fleurs blanches, en grandes panicules, paraissent en juillet et août; ses fruits rouges sont de la grosseur d'un pois. Cet arbrisseau, originaire du Japon, est rustique; mais il devient plus beau quand on le couvre en hiver. Il se recommande par son port élégant et son feuillage qui devient rouge à l'automne; on possède même une variété dont les feuilles ont presque con-

Fig. 80. Mahonie intermédiaire.

stamment cette couleur. La nandine demande une terre légère, et figure très-bien dans les bosquets.

Camelliacées.

La gordonie pubescente (*Gordonia pubescens*), de la Caroline du sud, est un arbrisseau de 1^m,50 à 2 mètres, à tiges dressées, à feuilles lancéolées; ses fleurs, qui apparaissent en septembre, sont grandes, blanches et à odeur de
violette. La gordonie du Népaul (*G. Nepalensis*) ressemble
assez à la précédente. Ces deux arbrisseaux sont rustiques
et se recommandent surtout par leur port élégant, qui rappelle un peu celui de certains magnolias. Ils peuvent se placer à peu près à toutes les situations; mais, pour bien fleurir,
ils doivent être à une exposition chaude.

Hypéricinées.

Le millepertuis élevé (*Hypericum elatum*) est un arbrisseau touffu, à tiges dressées, portant des feuilles ovales-aiguës; les fleurs, d'un jaune d'or, groupées en panicules,
paraissent en été et exhalent une odeur pénétrante. Cet arbrisseau, originaire du midi de l'Europe, atteint la hauteur de 1^m,50. Les millepertuis à odeur de bouc (*H. hir-
cinum*), du midi, et prolifique (*H. prolificum*), de l'Amérique du Nord, sont beaucoup plus petits. Ces espèces sont
rustiques, mais demandent un terrain sec et chaud. On les
place au premier rang dans les massifs.

Coriariées.

Le redoul à feuilles de myrte (*Coriaria myrtifolia*) est
originaire du midi de l'Europe. C'est un arbuste buissonneux,
d'environ un mètre de hauteur, à feuilles luisantes, d'un beau
vert, très-serrées sur les rameaux; ses fleurs verdâtres font
moins d'effet que les fruits noirs qui leur succèdent. Le redoul vient bien dans le Nord, à une exposition chaude et sèche.

Ses tiges gèlent quelquefois dans les hivers rigoureux; mais il en repousse de nouvelles au printemps suivant.

Célastrinées.

Le fusain du Japon (*Evonymus Japonicus*) forme un arbrisseau de 2 mètres, à rameaux dressés, à feuilles coriaces, persistantes, d'un vert gai, et panachées de blanc ou de jaune dans quelques variétés. D'une rusticité à toute épreuve, il est précieux pour les terrains secs et arides, exposés au soleil le plus vif; on le recherche pour les jardins dans les villes. Le fusain d'Amérique (*E. Americanus*) est plus petit et plus délicat; le fusain à feuilles étroites (*E. angustifolius*), de la Géorgie, lui ressemble beaucoup. Le fusain nain (*E. nanus*), du Caucase, est beaucoup plus petit, et se recommande surtout par ses fleurs rouge verdâtre.

Ilicinées.

Le houx commun (*Ilex aquifolium*), qui atteint quelquefois les dimensions d'un arbre de moyenne grandeur, reste le plus souvent, dans nos cultures, à l'état d'arbrisseau buissonneux; on connaît ses feuilles coriaces, luisantes, d'un vert foncé en dessus, plus pâle en dessous, épineuses sur les bords, sur lesquelles ressortent si bien des baies rouges, qui persistent tout l'hiver. Originaire de nos forêts, il se plaît à une exposition ombragée; on le cultive isolé ou dans les massifs; quelquefois on en fait des haies, des palissades, ou même des bordures. Dans tous les cas, il produit un bel effet; sa rusticité est d'ailleurs très-grande.

Le houx a produit un grand nombre de variétés. On remarque d'abord le houx à rameaux pendants et à feuilles vert noirâtre. Il y a aussi des variétés naines, d'autres à port pyramidal; il en est dont les épines sont plus ou moins nombreuses, ou même disparaissent complétement; d'autres au contraire où elles se montrent jusque sur la surface du limbe; d'autres encore à feuilles planes ou diversement contournées ou ondulées ; d'autres enfin, à feuillage panaché de jaune ou de blanc. On peut, en groupant convenablement ces variétés dans les massifs, obtenir des contrastes d'un charmant effet.

Parmi les autres espèces rustiques, nous citerons les houx opaque (*I. opaca*), des États-Unis, à feuilles d'un vert terne et plus pâle, à fruits d'un rouge moins vif ; émétique (*I. vomitoria*), vulgairement *apalachine*, du même pays, à feuilles obtuses, dentées et luisantes ; cornu (*I. cornuta*), et surtout la variété fourchue (*I. furcata*), du nord de la Chine, à feuilles d'un vert foncé et comme vernissé, légèrement recourbées en dessous ; à larges feuilles (*I. latifolia*), du Japon, à feuilles très-longues, d'un beau vert, rappelant assez celles du magnolia. Ce que nous avons dit du houx commun peut s'appliquer à ceux-ci.

Enfin, nous signalerons les houx des Baléares ou de Mahon (*I. Balearica*), à feuilles planes et d'un vert un peu jaunâtre ; de Madère (*I. perado*), à feuilles larges, arrondies, non épineuses, à fleurs et à fruits plus grands que dans le houx commun ; dahoon (*I. dahoon*), des États-Unis, à feuilles lancéolées, rappelant celles du troène ; à deux noyaux (*I. dipyrena*), du Népaul, à feuilles oblongues-aiguës, un peu ondulées, et à baies d'un brun noirâtre, etc. Ces espèces sont déjà moins rustiques, et il faut, surtout dans les sols frais ou humides et ombragés, les pailler en hiver, si l'on tient à les conserver.

Rhamnées.

Le nerprun alaterne (*Rhamnus alaternus*) est un grand arbrisseau de 4 à 5 mètres, à feuilles ovales, coriaces, lisses, d'un vert intense. A ses fleurs petites, d'un vert jaunâtre, succèdent de petits fruits noirs. Il croît dans le midi de la France, et a produit des variétés naines, d'autres à feuilles panachées de blanc ou de jaune. Il est rustique, se plaît dans tous les sols un peu frais, aime l'ombre et supporte bien le couvert des grands arbres ; aussi est-il excellent pour les bosquets, où il forme de très-belles touffes. Les nerpruns hybride (*R. hybridus*) et de Californie (*R. oleifo-lius*) sont presque aussi vigoureux.

Le nerprun blanchâtre (*R. incana*) (fig. 21) est un arbuste

Fig. 21. Nerprun blanchâtre.

très-rameux, buissonnant; les rameaux, qui dans leur jeune âge sont couverts d'un duvet blanc soyeux, portent des feuilles ovales, d'un vert sombre et comme grisâtre en dessus, blanches et fortement cotonneuses en dessous. Les fleurs, très-nombreuses, blanc verdâtre, en bouquets terminaux, se succèdent depuis le mois de juin jusqu'aux gelées ; ses fruits, noirs et gobuleux, ressemblent à ceux du laurier-cerise. Cette espèce est trop peu connue encore pour qu'on puisse être parfaitement sûr de sa rusticité, et il est prudent de lui donner une couverture de feuilles durant l'hiver.

Légumineuses.

' L'ajonc (*Ulex Europæus*), vulgairement *landier* ou *jonc marin*, est un arbrisseau rameux, de 2 à 3 mètres, à feuilles linéaires, aiguës, persistantes. Dès la fin de l'hiver, il se couvre de nombreuses fleurs, d'un beau jaune d'or. Il a produit des variétés sans épines, une autre à fleurs doubles. L'ajonc nain (*U. nanus*) fleurit au contraire à l'automne. Ces deux arbrisseaux croissent partout et dans tous les sols, même les plus arides. On en tire un très-bon parti pour les terrains en pente et les rocailles, qu'ils ornent, le premier surtout, à une époque où les fleurs sont rares. Ils tiennent bien aussi leur place dans les massifs.

Luzerne en arbre (*Medicago arborea*). Cet arbrisseau, haut de 1 à 2 mètres, a des rameaux nombreux, couverts de feuilles persistantes d'un vert gai, soyeuses en dessous. Ses fleurs, d'un jaune vif et disposées en grappes, se succèdent abondamment pendant tout l'été. Un peu délicat dans le centre, le nord et l'est de la France, il exige une exposition abritée. Ses pousses sont quelquefois détruites par de grandes gelées ; mais il ne tarde pas à en émettre de nouvelles. Aux expositions favorables, on peut le planter isolé ; mais en général, il vaut mieux le mettre aux endroits abrités des massifs.

Rosacées. — Amygdalées.

L'amandier d'Orient ou argenté (*Amygdalus argentea*) forme un grand arbrisseau de 3 à 4 mètres, à rameaux étalés, couverts de feuilles soyeuses-argentées, lancéolées, persistantes, du moins dans les hivers doux. Ses fleurs roses se montrent quelquefois en février, le plus souvent en mars ou avril. Cet arbrisseau, qui devient quelquefois un petit arbre, est originaire d'Orient. Il est un peu délicat, et peut être endommagé par les gelées tardives ; aussi préfère-t-il un sol léger, sec et chaud. Il est fort recherché par les massifs, et fait aussi très-bien isolé ; mais alors il lui faut une situation abritée.

Le cerisier-laurier (*Cerasus lauro-cerasus*), vulgairement *laurier-cerise* ou *laurier-amande*, est un grand arbrisseau de 4 à 5 mètres, à rameaux étalés, à grandes feuilles luisantes, d'un beau vert ; c'est surtout par son beau feuillage qu'il se recommande ; ses petites fleurs, blanches et odorantes, paraissent en mai. Il a produit plusieurs variétés : à rameaux dressés et à feuilles d'un vert clair (vulg. *laurier de Colchide*) ; à feuilles plus luisantes et d'un vert plus foncé (*laurier du Caucase*) ; à feuilles étroites (*laurier du Cap*) ; à feuilles panachées de blanc. Cette espèce, très-rustique, produit toujours un bel effet, soit isolée, soit en massifs.

Le cerisier de Portugal (*C. Lusitanica*), vulgairement *azaréro* ou *laurier de Portugal*, ressemble beaucoup au laurier-cerise, dont il diffère surtout par ses rameaux dressés, et ses jeunes pousses rougeâtres. Le cerisier à feuilles de houx (*C. ilicifolia*) se fait remarquer, comme l'indique son nom, par ses feuilles d'un vert foncé, coriaces, ondulées et épineuses sur les bords ; il est originaire de la Californie. Ces deux espèces sont très-rustiques. Le cerisier de la Caroline (*C. Caroliniana*) est un peu plus délicat et souffre quelquefois des hivers rigoureux. Toutes ces espèces sont très-ornementales par leur beau feuillage.

Rosacées. — Rosées.

La spirée à feuilles lisses (*Spiræa lævigata*) est un arbuste d'environ un mètre, à rameaux courts, portant des feuilles lancéolées, entières, coriaces, glauques ; ses fleurs

blanches, très-petites, en panicule, paraissent en avril. Elle
est originaire de Sibérie et très-rustique. La spirée lancéo-
lée (*S. lanceolata*), haute de 1 mètre à 1^m,50, a des rameaux cylindriques, d'un brun acajou, des feuilles lancéolées, dentées, glauques en dessous, et des fleurs blanches,
en petits corymbes latéraux, paraissant de mai en juin. Cette
espèce est originaire de Chine; elle est aussi très-rustique.
Ces deux spirées, à joli feuillage, font très-bien, soit isolées,
soit en massifs. On remarquera aussi la spirée pubescente
(*S. pubescens*), de la Chine.

Rosacées. — Pomacées.

Les cotonéastres à feuilles persistantes viennent en général du Népaul. On distingue surtout les cotonéastres à petites feuilles (*Cotoneaster microphylla*), à feuilles rondes
(*C. rotundifolia*), et ses variétés à feuilles de buis (*C. buxifolia*) et à feuilles de thym (*C. thymifolia*), nummulaire
(*C. nummularia*), etc. Ce sont des arbustes traînants, à
fleurs blanches et à fruits rouges. Ils sont rustiques et ne
craignent que les froids très-rigoureux. On s'en sert avanta-
geusement pour orner les rocailles et les terrains en pente
ou pour faire des bordures. Greffés à haute tige sur aubépine, ils forment des boules ou des parasols d'un charmant
effet, et qui gagnent à être isolés.

Bibacier (*Eriobotrya Japonica*), vulgairement *Néflier du
Japon*. Ce bel arbrisseau, haut de 1^m, 50 à 2^m, 50, a des rameaux cotonneux, ainsi que le dessous des feuilles, qui sont
grandes, aiguës et lancéolées; ses fleurs blanches, à odeur
d'amande, forment une grande panicule terminale; elles s'é-
panouissent en novembre et quelquefois aussi en avril et
mai. Le fruit, jaune et de la grosseur d'une prune mirabelle,
ne mûrit guère que dans le Midi. Le bibacier végète assez
bien dans le Nord, à une bonne exposition; mais il souffre
des grands froids s'il n'est pas garanti au pied par une bonne
litière. La beauté de son feuillage persistant fait qu'il figure

très-bien dans les massifs, et mieux encore isolé sur les pelouses.

Le Photinia glabre (*Photinia glabra*) du Japon forme un bel arbrisseau de 2 à 4 mètres, à grandes feuilles, d'abord rougeâtres, puis d'un beau vert et très-luisantes, rappelant celles du laurier-cerise. Ses petites fleurs blanches lavées de rose, en larges corymbes terminaux, apparaissent à l'automne. Cet arbrisseau supporte aisément des froids de 10 degrés. Le Photinia à feuilles d'arbousier (**P.** *arbutifolia*), de la Californie, se distingue du précédent par ses fleurs en corymbes allongés. Il est encore plus rustique. Ces deux espèces prospèrent surtout à l'exposition du nord, et, malgré leur forme peu régulière, elles produisent toujours un bel effet.

Le genre aubépine comprend deux espèces à feuilles presque persistantes. Ce sont : le buisson ardent (*Cratægus pyracantha*), buisson de 1 à 2 mètres, à feuilles petites, lancéolées, vert foncé, à fleurs blanc rosé et à fruits très-nombreux, petits et d'un rouge vif; et l'ergot de coq (**C.** *crus galli*), arbrisseau de 4 à 5 mètres, très-rameux, à feuilles glabres, obovales, à fleurs blanches en corymbes, et à fruits rouges, plus gros que dans le précédent. Ces deux espèces ont produit plusieurs variétés dans la direction des rameaux, la forme des feuilles et la couleur des fruits qui persistent tout l'hiver. Ces arbrisseaux sont rustiques, mais préfèrent une exposition découverte; on ne saurait trop les multiplier dans les massifs.

Myrtacées.

Le myrte (*Myrtus communis*) est un arbrisseau de 2 à 3 mètres, à feuilles ovales ou lancéolées aiguës, d'un beau vert, à l'aisselle desquelles apparaissent des fleurs solitaires d'un blanc pur et d'une odeur suave; à ces fleurs, qui paraissent en été, succèdent des baies noires, arrondies et aromatiques. Cet arbrisseau a produit plusieurs variétés. Son port est naturellement un peu diffus, mais il supporte très-bien la taille. Rustique dans le midi et dans l'ouest, il est assez délicat sous le climat de Paris, où il lui faut une position chaude et abritée.

Ombellifères.

Buplèvre frutescent (*Buplevrum fruticosum*), vulgairement *oreille de lièvre* ou *percefeuilles*. Cet arbrisseau, haut de 1ᵐ,50 à 2 mètres, a des tiges nombreuses, droites, formant de larges touffes, couvertes de feuilles ovales-oblongues, coriaces, d'un beau vert glauque. Ses fleurs, jaune verdâtre, en ombelles terminales, se succèdent pendant tout l'été, mais sont peu remarquables. Cet arbrisseau, originaire du midi de la France, croît très-bien en plein air jusque dans le nord. Il se recommande surtout par son beau feuillage, et s'emploie avec succès pour l'ornement des massifs, et surtout des bosquets d'hiver.

Araliacées.

Le lierre (*Hedera helix*) est surtout connu comme plante grimpante. Il présente toutefois des variétés à tige dressée et à rameaux nombreux formant une cime arrondie et élégante. Ses feuilles, amples, d'un beau vert, sont palmées ou presque pennées, entières ou diversement découpées, souvent panachées de blanc ou de jaune. Ses fleurs jaunâtres font beaucoup moins d'effet que ses fruits brun noirâtre. Quelques espèces exotiques peu connues présentent le même mode de végétation. Le lierre est très-rustique et mérite d'être plus répandu dans les massifs; la variété arborescente fait aussi très-bien, isolée sur les pelouses.

Aucuba du Japon (*Aucuba Japonica*). Ce bel arbrisseau, haut de 2 à 3 mètres, émet des tiges rameuses, touffues, à écorce verte, portant de grandes feuilles ovales aiguës, coriaces, épaisses, d'un vert sombre et brillant. Les fleurs sont peu apparentes; mais les fruits, d'un beau rouge vif, rappelant ceux du cornouiller mâle, tranchent agréablement sur le vert foncé du feuillage. On possède plusieurs variétés à feuilles complétement vertes ou diversement panachées de jaune ou de blanc. Tous ces arbrisseaux, très-rustiques, viennent bien à l'ombre et conviennent beaucoup aux massifs et aux bosquets d'hiver, bien que leurs touffes isolées produisent aussi un effet remarquable.

Caprifoliacées.

Le chèvrefeuille de Standish (*Lonicera Standishi*) est un arbrisseau de 2 mètres, à rameaux velus, à feuilles ovales lancéolées, épaisses, coriaces, d'un vert foncé en dessus, un peu glauques én dessous, persistantes. Depuis janvier jusqu'en mars il donne des fleurs blanches odorantes, groupées en petits bouquets axillaires, auxquelles succèdent des baies allongées, d'un rouge vif. Cet arbrisseaû, originaire de Chine est rustique; mais il devient beaucoup plus beau à l'exposition du nord; il demande un sol meuble, mais substantiel. La beauté de son feuillage et la précocité de sa floraison le rendent précieux pour les bosquets d'hiver.

La viorne tin (*Viburnum tinus*), vulgairement *laurier-tin*, est un arbrisseau de 2 à 4 mètres, le plus souvent buissonneux, à rameaux dressés, à feuilles ovales oblongues, d'un beau vert. Ses fleurs, rouges en dehors, blanches en dedans, groupées en cimes terminales, se montrent souvent à la fin de l'hiver et reparaissent à l'automne; il leur succède de petites baies noir bleuâtre. On a des variétés à feuilles larges ou arrondies, velues ou luisantes, ou panachées, à cimes florales plus larges, etc. Originaire du midi de la France, cette espèce demande dans le nord une exposition sèche et un peu ombragée. Il est prudent de couvrir le pied, en hiver, d'un bon paillis.

La viorne à feuilles rudes (*V. rugosum*) ressemble beaucoup au laurier-tin; mais elle est haute de 1 mètre environ, et a des feuilles et des fleurs plus grandes. Cette espèce croît à Madère. La viorne odorante (*V. odoratissimum*), originaire de la Chine, est un bel arbrisseau de 2 à 4 mètres, à feuilles larges, ovales, longues de $0^m,20$; ses fleurs blanches en corymbe paraissent en août et septembre. Ces deux arbrisseaux sont plus délicats encore que le laurier-tin; ils ne supportent guère la pleine terre que dans le midi et l'ouest de la France, et ailleurs dans quelques situations privilégiées. Ils sont d'un bel effet ornemental.

Composées.

La baccharide à feuilles d'halime (*Baccharis halimifolia*), vulgairement *séneçon en arbre*, est un arbrisseau de 2 à 4 mètres, à feuilles obovales, dentées, d'un vert glauque. Les fleurs, qui apparaissent à l'automne, sont peu apparentes et forment de petits capitules blanchâtres, réunis en panicules lâches. Cet arbrisseau croît sur la côte orientale des États-Unis; il aime une terre sablonneuse et légère et une exposition chaude. Il se recommande surtout par son feuillage persistant, et à ce titre il mérite une place dans les massifs. On l'emploie aussi à faire des haies.

Ericinées.

L'arbousier (*Arbutus unedo*), vulgairement *arbre aux fraises*, est un grand arbrisseau ou un petit arbre dont la tige, haute de 3 à 5 mètres, se couvre d'une écorce rougeâtre; celle des rameaux est d'un beau rouge, ainsi que le pétiole des feuilles qui sont oblongues lancéolées, dentelées, glabres, d'un vert foncé et brillant; à l'automne et jusqu'au commencement de l'hiver, il porte des fleurs blanches ou rosées, en grappes pendantes, auxquelles succèdent de gros fruits globuleux d'un rouge vif. On possède des variétés à feuilles étroites, sinuées, crispées ou panachées, à fleurs doubles ou d'un beau rouge. L'arbousier aime une terre franche légère, et l'exposition du nord. On doit le couvrir, pour le préserver des fortes gelées.

Jasminées.

Le jasmin jaune ou à feuilles de cytise (*Jasminum fruticans*) est un arbrisseau de 1 à 2 mètres, à rameaux nombreux, touffus, à feuilles simples ou à trois folioles, d'un beau vert; depuis mai jusqu'en septembre s'épanouissent ses fleurs petites, d'un beau jaune, auxquelles succèdent de petits fruits noirs. Originaire du midi de l'Europe, cet arbrisseau est parfaitement rustique dans le nord; il vient partout, mais mieux en terre légère et à une exposition chaude. Le jasmin à fleurs d'or (*J. chrysanthum*), du Népaul, se distingue du précédent par sa taille plus élevée, des rameaux bruns et flexueux, ses feuilles à trois ou cinq folioles, et ses fleurs en ombelles terminales. Il supporte bien nos hivers.

Oléinées.

Fontanésie à feuilles de filaria (*Fontanesia phylliræoïdes*). Ce bel arbrisseau, haut de 2 à 4 mètres, a une tige droite, des rameaux longs et flexibles, portant des feuilles ovales-oblongues, glabres, qui tombent fort tard et persistent dans les hivers doux. Ses fleurs, petites, en grappes, d'abord blanches, puis rougeâtres, se succèdent depuis mai jusqu'en août. Cet arbrisseau, originaire de Syrie, supporte assez bien nos climats du Nord, pourvu qu'il soit placé à une exposition méridionale et dans une terre franche légère, pierreuse et sèche. On peut en faire des palissades. Il est bon de pailler son pied pendant les grands froids.

L'osmanthe odorant (*Osmanthus fragrans*), vulgairement *olivier odorant*, est un arbrisseau de 2 à 3 mètres, à feuilles ovales-oblongues, denticulées, coriaces, d'un vert gai et brillant en dessus, plus pâle en dessous; ses fleurs blanches ou blanc jaunâtre, très-petites, à odeur suave, paraissent en juillet. Originaire de Chine, cet arbrisseau est assez rustique; mais il est prudent de le placer à une exposition abritée et de couvrir son pied pendant les grands froids. Il demande une terre franche légère. L'osmanthe à feuilles de houx (*O. ilicifolius*) est remarquable par ses feuilles munies de dents épineuses. Il a produit des variétés naines, d'autres à feuillage panaché ou diversement découpé. Même tempérament.

Les phillyréas (*Phillyræa*), vulgairement nommés *fila-rias* et quelquefois improprement *alaternes*, sont des ar-brisseaux de 3 à 5 mètres, à feuilles ovales, lancéolées ou linéaires, d'un beau vert, à fleurs blanches ou blanc ver-dâtre, peu apparentes, et à fruits noirs. Ce genre comprend plusieurs espèces ou variétés, qui ne diffèrent guère que par la largeur des feuilles. Tels sont les phillyréas à larges feuilles (*P. latifolia*), intermédiaire (*P. media*), à feuilles étroites (*P. angustifolia*), à feuilles de houx (*ilicifolia*), de buis (*buxifolia*), d'olivier (*oleifolia*), etc. Il y a aussi une variété à rameaux pendants. Ces arbrisseaux, originaires du midi de l'Europe, sont assez rustiques et servent à faire des palissades ou à orner les bosquets d'hiver.

Le troène commun (*Ligustrum vulgare*) est un arbrisseau indigène, de 2 à 3 mètres, à rameaux grêles et flexibles, portant des feuilles lancéolées, luisantes, d'un beau vert, presque persistantes. De juin à juillet, il est orné de pani-cules de fleurs blanches, un peu odorantes, auxquelles suc-cèdent des baies noires, qui persistent tout l'hiver. On a des variétés à feuilles panachées, à fruits blancs ; il en est une à feuilles franchement persistantes, dont quelques auteurs ont fait une espèce, sous le nom de troène d'Italie (*L. Ita-licum*). Cet arbrisseau très-rustique figure bien dans les massifs ; on en fait aussi des haies et des palissades.

Le troène du Japon (*Ligustrum Japonicum*) est un ar-brisseau de 3 à 4 mètres, à feuilles grandes, ovales-oblon-gues ; ses feuilles blanches, nombreuses, en larges pani-cules, s'épanouissent en été. Le troène à feuilles ovales (*L. ovalifolium*) lui ressemble beaucoup, ainsi que le troène luisant (*L. lucidum*), de la Chine, dont la floraison est plus tardive. On cultive aussi les troènes du Népaul (*L. Nepa-lense*), à fruits noir pourpré ; de Chine (*L. Sinense*) et à épis (*L. spicatum*). Tous produisent un charmant effet par leur eau feuillage et leurs panicules de fleurs blanches ; mais ils sont un peu délicats, et préfèrent l'exposition du nord. Ils ont l'avantage de supporter très-bien la taille.

Personées.

La budleye globuleuse (*Buddleia globosa*) est un arbrisseau de 2 à 3 mètres, couvert d'une sorte de duvet ferrugi-
neux; ses feuilles grandes, lancéolées, sont blanchâtres en
dessous; en juin, paraissent ses petites fleurs odorantes,
jaune safrané, réunies en cymes globuleuses compactes.
Elle est originaire du Pérou. La budleye de Lindley (*B.
Lindleyana*), originaire de Chine, est un arbrisseau buissonnant, à rameaux grêles, à feuilles ovales-aiguës, et à
fleurs d'un pourpre violacé ou lie de vin, en longues panicules terminales. Cette dernière espèce est plus rustique.
Toutes deux végètent beaucoup mieux à l'exposition du
midi ou dans les parties abritées des massifs.

Labiées.

Romarin officinal (*Rosmarinus officinalis*). Cet arbrisseau aromatique, touffu, haut de 1 à 2 mètres, a des feuilles
étroites, presque linéaires, à bords enroulés en dessous; ses
fleurs, d'un bleu pâle ou blanches, paraissent quelquefois
dès le mois de janvier, et se succèdent jusqu'en mai. Le
romarin, originaire du midi de l'Europe, est fort rustique;
toutefois il végète beaucoup mieux dans une terre légère et
chaude et à une exposition méridionale. Il figure très-bien
dans les massifs et l'on en fait aussi des bordures. Il présente
des variétés à feuilles panachées de jaune ou de blanc;
mais celles-ci sont plus délicates et supportent mal nos
hivers.

Thymélées.

Le daphné lauréole (*Daphne laureola*) est un arbuste de
1 mètre, à feuilles obovales, lancéolées, luisantes, d'un beau
vert; ses fleurs, jaune verdâtre, peu apparentes, mais d'une
odeur très-agréable, paraissent de janvier en mars. Le
daphné pontique (*D. Pontica*) ressemble beaucoup au pré-

cédent, dont il diffère surtout par ses fleurs plus nombreuses, plus pâles et plus tardives. Ces deux arbustes aiment une terre légère, substantielle, fraîche, et une exposition à demi ombragée. Le daphné cnéoron (*D. cneorum*) est moitié plus petit et se recommande par ses fleurs rouges ou blanches, odorantes, paraissant au printemps et à l'automne.

Euphorbiacées.

Le buis (*Buxus sempervirens*) est un grand arbrisseau de 4 à 5 mètres, souvent buissonneux, à feuilles ovales, coriaces, luisantes, d'un vert foncé en dessus, plus pâles en dessous; à fleurs verdâtres, de peu d'effet, et à fruits jaunâtres. Il présente plusieurs variétés arborescentes ou naines, à feuilles plus grandes ou plus petites, ou crépues, ou bien encore bordées ou panachées de blanc ou de jaune. Cet arbrisseau indigène est des plus rustiques, et croît dans tous les sols et à toute exposition. C'est une des essences les plus dociles à la taille; on peut lui faire prendre toutes les formes qu'on désire. Il sert, dans les jardins réguliers, à faire des bordures, des haies et des palissades.

Garryacées.

Le garrya elliptique (*Garrya elliptica*) est un arbrisseau de 2 à 4 mètres, à feuilles ovales, aiguës, coriaces, ondulées sur les bords, d'un vert sombre en dessus, velues et blanchâtres en dessous. Les fleurs, dans le pied mâle, seul que nous possédions, forment des chatons verdâtres, longs, nombreux, pendants au sommet des rameaux et d'un joli effet. Cette espèce est originaire de Californie. On cultive aussi les garryas à feuilles de laurier (*G. laurifolia*), ovale (*G. ovata*) et à larges feuilles (*G. macrophylla*), du Mexique. Ces arbrisseaux sont assez rustiques et ne souffrent que des hivers très-rigoureux; ils préfèrent l'exposition du nord.

Cupulifères.

Le chêne au kermès (*Quercus coccifera*) est un arbrisseau buissonneux de 1 à 4 mètres, à tronc et à rameaux tor-

Fig. 22. Chêne de Fordes.

tueux, couverts de feuilles ovales, coriaces, d'un beau vert, bordées de dents épineuses; les glands sont ovoïdes, allongés et très-gros. Il présente souvent des galles d'un rouge vif, produites par la piqûre d'un insecte du genre kermès, et qui ressemblent à de petites baies. Cet arbrisseau, originaire du midi de l'Europe, supporte assez bien la pleine terre jusque sous le climat de Paris, et se contente des sols les plus arides; peu cultivé dans les jardins, vu la lenteur de sa croissance, il produit un assez bon effet quand il est isolé.

Le chêne de Fordes (*Q. Fordii*) (fig. 22) est une espèce très-voisine, peut-être même une simple variété du chêne vert (*Q. ilex*). C'est un arbrisseau à branches dressées, presque fastigiées, à rameaux nombreux couverts d'un duvet gris blanchâtre; ses feuilles sont assez grandes, d'un vert foncé brillant en dessus, cotonneuses et blanchâtres en dessous. Ses glands ressemblent à ceux du chêne vert. Cet arbrisseau supporte parfaitement le climat de Paris. Son port tout particulier et son beau feuillage le rendent éminemment propre à garnir les massifs et les bosquets d'hiver.

Liliacées.

Le fragon (*Ruscus aculeatus*), vulgairement *petit houx, buis piquant, myrte épineux*, etc., est un arbrisseau à tiges dressées, hautes de 1 à 2 mètres, très-rameuses, à ramules aplaties, ovales-aiguës, d'un beau vert, semblables à des feuilles (fig. 23). A ses fleurs petites, blanc rosé, succèdent des fruits d'un rouge de corail, du volume d'une cerise ordinaire, qui persistent pendant tout l'hiver (fig. 24). Cet arbrisseau est indigène et rustique. Par son port élégant, ses touffes vert foncé et ses fruits de couleur éclatante, il constitue une des plus belles parures des bosquets d'hiver; isolé, il ne produit pas moins d'effet. Les fragons hypophylle (*R. hypophyllum*) et hypoglosse (*R. hypoglossum*) sont plus petits et d'un tempérament plus délicat.

Fig. 23.
Fragon (rameau en fleurs).

Fig. 24.
Fragon (rameau en fruits).

La danaïde à grappes (*Danaïda racemosa*), vulgairement *fragon à grappes, laurier alexandrin,* etc., est un arbris-

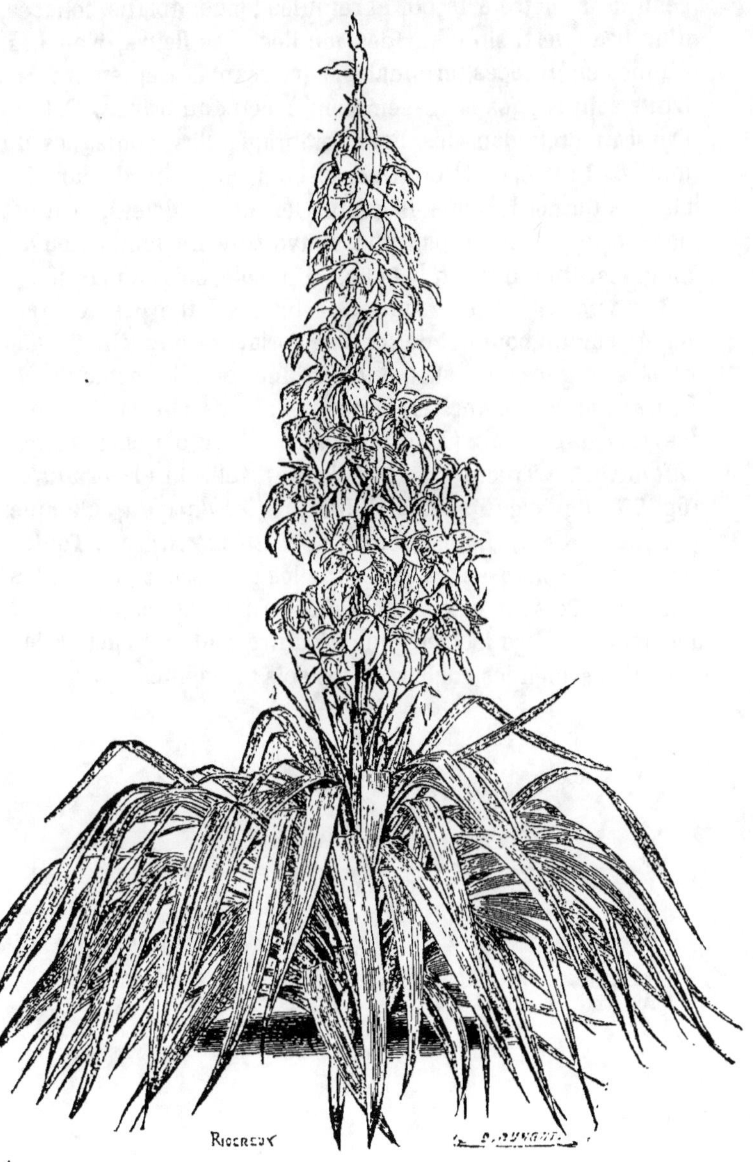

Fig. 25. Yucca réfléchi.

seau de 1 mètre à 1^m,50, à ramules longs, aplatis, foliacés, d'un beau vert, simulant des feuilles. Ses fleurs, blanches, réunies en grappes terminales, paraissant en septembre. Ses fruits sont rouges et ressemblent à ceux du fragon, Cet arbrisseau croît dans les lieux ombragés des montagnes du midi de l'Europe. Il croît assez bien en plein air dans les climats du nord; mais il craint les fortes gelées, et il est bon de le préserver par une couverture de feuilles ou de fougères. Il produit un bel effet, soit isolé, soit en massifs.

Les yuccas (*Yucca*) sont des arbustes à tige dressée, terminée par un bouquet de feuilles coriaces, longuement lancéolées-aiguës, et surmontée d'une grande panicule de fleurs grandes, blanches, pendantes. Nous citerons surtout les yuccas glorieux (*Y. gloriosa*), à fleurs d'orchis (*Y. orchioïdes*), de Trécul (*Y. Treculeana*), réfléchi (*Y. pendula*) (fig. 25), flexible (*Y. flexilis*), flasque (*Y. flaccida*), glauque (*Y. glaucescens*), filamenteux (*Y. filamentosa*), etc. Toutes ces espèces sont assez rustiques; elles paraissent préférer les sols secs. Ce sont des plantes très-ornementales, mais qui demandent à être isolées pour produire tout leur effet. Elles ornent très-bien les rochers et les sols accidentés.

CHAPITRE IV

CULTURE DES ARBRISSEAUX ET ARBUSTES

I. — GÉNÉRALITÉS.

Nous avons déjà donné, chemin faisant, quelques indications sur la culture des arbrisseaux et des arbustes d'ornement de pleine terre. Il nous reste à continuer cette étude après avoir rappelé sommairement ce que nous avons dit.

Dans les cultures de ce genre, la première considération dont il faut tenir compte est celle du climat. Nous aurons peu de chose à ajouter sur ce sujet ; nous nous bornons en effet, dans ce livre, à l'étude des espèces qui peuvent être cultivées en pleine terre, ou mieux en plein air, dans toute l'étendue ou du moins dans la majeure partie du territoire français.

Nous rappellerons aussi que l'exposition influe plus ou moins sur le climat local. Même dans l'étendue très-restreinte d'un petit jardin, on peut, suivant qu'on place les végétaux au nord ou au midi, à l'est ou à l'ouest, à découvert ou à l'abri, leur procurer une température plus chaude ou plus fraîche, une atmosphère plus sèche ou plus humide, etc.

Dans la plantation d'un jardin, d'un bosquet ou d'un parc d'agrément, l'amateur devra donc déterminer avec soin, d'après les indications que nous avons données sur le tempérament des végétaux ligneux, la place que doit occuper chaque espèce.

Il faut ensuite s'occuper du sol. Une bonne terre franche, qui ne soit ni trop sèche ni trop humide, convient à la plupart des arbrisseaux et arbustes. En général, il n'est pas nécessaire que ce sol soit très-profond, si ce n'est pour un certain nombre d'espèces à racines pivotantes; mais il est indispensable que le sous-sol soit naturellement perméable ou rendu tel par un bon drainage, l'excès d'humidité étant nuisible à la plupart des essences ligneuses. Toutes choses égales, les terrains humides seront préférés pour les espèces à feuillage, et les terrains secs réservés à celles que l'on cultive surtout pour leurs fleurs.

Les travaux destinés à ameublir ou à amender le sol, l'étude des engrais à appliquer suivant les circonstances, les opérations d'arrosage ou d'assainissement qui concernent la généralité des plantes cultivées, sont traités dans d'autres volumes.

II. — MULTIPLICATION.

La multiplication des végétaux se fait tantôt sur place, tantôt dans un terrain spécial appelé *pépinière*, destiné à les élever jusqu'à ce qu'ils soient assez forts pour être transportés à la place qu'ils doivent occuper définitivement. Tout ce qui concerne les pépinières a été trop bien traité dans le livre de M. Carrière pour qu'il y ait lieu de revenir sur ce sujet.

Semis.

Le semis est, pour les végétaux ligneux comme pour tous les autres, le mode de multiplication le plus naturel et le plus fréquemment employé. Il a lieu en pépinière ou à demeure.

La *stratification* des graines est une opération préliminaire qui précède souvent le semis. Elle consiste à disposer les graines par lits alternatifs, avec du sable ou de la terre bien divisée; le tout est placé soit dans un pot ou une caisse que l'on conserve à la cave, soit dans la terre même ; mais alors il faut avoir soin d'éviter l'excès d'humidité.

La stratification s'emploie surtout pour les graines qui, entourées d'une enveloppe ligneuse, crustacée, en un mot très-dure, seraient par cela même plus lentes à germer sans cette précaution ; telles sont, entre autres, celles des abricotiers, amandiers, aubépines, houx, néfliers, paliures, pêchers, pruniers, et en général de tous les arbres et arbrisseaux à fruits à noyaux.

On stratifie aussi les graines féculentes et volumineuses qui, mûres à l'automne, ne doivent être semées qu'au printemps, et sont ainsi exposées à se dessécher ; telles sont les graines des chênes, des marronniers, pavias, châtaigniers, noisetiers, etc.

On sème de diverses manières les graines des végétaux ligneux : à la volée, en rayons, en poquets, en terrines, etc. Le mode à préférer dépend de diverses circonstances : de l'étendue et de l'inclinaison du sol, de la nature des essences à propager, de la quantité de graines dont on dispose, etc. Le semis à la volée s'emploie surtout dans les terrains à plat. Le semis en rayons, qui convient aussi dans de tels terrains, peut aussi avoir lieu sur les sols inclinés; mais il faut avoir soin de tracer les rigoles dans le sens transversal à la pente. Mais, dans ces derniers cas, on se trouve bien de semer en poquets, ce qui permet de ne pas trop ameublir la terre.

Les graines d'essences délicates ou dont on ne possède qu'une petite quantité, sont semées en pots ou en terrines qu'on place à l'air libre ou sur couche, ou sous châssis, suivant la température locale. Pour les graines très-fines et très-précieuses, il sera bon d'employer le perfectionnement indiqué par M. Decaisne, qui consiste à recouvrir les pots ou terrines d'une plaque de verre.

En général, on emploie pour les semis une très-bonne terre, de préférence un sol argilo-siliceux, légèrement calcaire, bien amendé, et mélangé, pour les essences exotiques ou délicates, de terreau de feuilles, ou même de terre de bruyère.

La profondeur à laquelle on doit enfouir les graines est en raison directe du volume même de ces graines. Les semences très-volumineuses, telles que les glands, les châtaignes, les marrons, etc., sont enterrées à 3 ou 4 centimètres. Au contraire, les graines très-fines, comme celles des spirées, sont simplement répandues à la surface du sol et recouvertes d'une légère couche de terreau ou de terre de bruyère.

Toutes choses égales d'ailleurs, la profondeur devra être plus considérable sous un climat et dans un terrain chauds et secs que dans les conditions opposées.

L'époque la plus favorable pour le semis des végétaux ligneux est celle qui suit immédiatement la maturité des graines, c'est-à-dire l'automne, dans la plupart des cas. Les meilleures conditions de réussite se trouvent alors réunies.

Toutefois, cette règle générale comporte quelques exceptions. Dans les climats froids ou dans les sols humides, l'hiver pourrait être funeste aux semis, surtout pour les essences originaires de climats chauds et secs. Il y a donc lieu, dans ce cas, de remettre le semis au printemps, en stratifiant au besoin les graines, comme nous l'avons indiqué plus haut.

Les jeunes sujets de semis, après avoir reçu les soins ordinaires, sont repiqués, en général, au bout d'un an. Après les avoir déplantés avec précaution, on les *habille*, en d'autres termes, on rafraîchit les racines en coupant les extrémités avec un instrument tranchant. On *pince* aussi le pivot, c'est-à-dire qu'on en coupe la partie inférieure encore tendre, pour le forcer à émettre des racines latérales et du chevelu, afin d'assurer la reprise des plants.

Cela fait, on repique ces plants en lignes, soit dans des trous faits au plantoir, soit dans une tranchée ou rigole ouverte à la bêche ou à la houe, ce qui constitue le rigolage.

Bouture.

Le mode de multiplication par boutures s'applique surtout aux végétaux ligneux dont les graines sont rares ou d'un prix élevé, et à ceux qui donnent, par ce moyen, des résultats plus expéditifs et plus assurés.

Le procédé de bouturage le plus simple consiste à prendre des rameaux aoûtés des essences que l'on veut multiplier. On les coupe en tronçons de 0^m.10 à 0^m.20 de longueur, en ayant soin de faire la coupe bien nette, et autant que possible au-dessous d'un nœud.

C'est ainsi qu'on opère pour la plupart des arbrisseaux et des arbustes à feuilles caduques. Toutefois, les groseilliers et plusieurs rosiers émettent plus facilement des racines sur le bois de deux ou trois ans; on choisira donc, pour ces dernières essences, des rameaux de cet âge qui constituent des crossettes.

On peut, dans tous les cas, faire cette opération à partir du mois d'octobre, aussitôt après la chute des feuilles; mais généralement on attend au mois de février. On plante les tronçons ou boutures dans une terre riche et bien labourée, exposée de préférence au levant ou au nord.

La bouture *en rameau* s'emploie surtout pour les grenadiers et les groseilliers; on prend pour cela une jeune branche bien ramifiée qu'on enterre dans toute sa longueur, sauf l'extrémité qui sort de quelques centimètres hors de terre.

La bouture *en ramée*, usitée surtout en sylviculture, se pratique avec les branches des deux dernières pousses réunies quelquefois en fascines, et qu'on enterre de manière à ne laisser sortir que la longueur d'un décimètre environ. On multiplie ainsi les essences aquatiques, tels que l'argousier, l'aune, la bourdaine, les chalefs et surtout les saules.

Mais, pour ce dernier genre, on emploie généralement la bouture *en plançon*, branche de 0^m.50 à 3 mètres, en forme de pieu, qu'on enfonce verticalement par le gros bout. Le sureau réussit encore très-bien par ce procédé.

6.

On fait aussi des boutures de racines ou de tiges souterraines en coupant ces organes en tronçons de 0^m.10 de longueur environ, qu'on plante dans une terre meuble et qu'on recouvre d'un léger paillis. On multiplie ainsi les amandiers, aralies, coignassiers du Japon, kerrias, lyciets, lilas, ronces, sumacs, diervillées, maclures, quelques spirées, etc.

Les arbrisseaux à feuilles persistantes se multiplient par le bouturage simple ou à bois de deux ans, le premier que nous avons décrit. On opère à la fin de l'été ou au commencement de l'automne, lorsque les bourgeons de l'année sont suffisamment aoûtés. Mais ces boutures réclament des soins tout particuliers; on ne réussit pas toujours à l'air libre. Souvent il faut bouturer sous cloche ou sous châssis. Aussi ce mode sera-t-il rarement employé par les amateurs. Il ne convient guère, ainsi que la bouture herbacée, qu'aux pépiniéristes de profession.

Rejetons.

Il est un mode de multiplication propre à un certain nombre d'essences et qui ne demande aucun soin spécial, c'est par conséquent le plus simple et le plus facile; car, suivant l'expression très-juste de M. Carrière, la nature seule en fait les frais. Certaines espèces forment, dès leur base, des touffes buissonnantes et très-vigoureuses; on peut diviser, *éclater* ces touffes et en replanter les éclats. D'autres produisent des *rejetons* qui poussent à leur pied, ou des *drageons* qui vont surgir à une distance plus ou moins grande. Ces rejetons et ces drageons peuvent aussi être replantés et produire de nouveaux sujets.

On multiplie ainsi les amandiers nains et de Géorgie, les coignassiers, les hydrangées, l'itéa de Virginie, le kerria, les lilas, les ronces, la plupart des spirées, le sumac de Virginie et quelques autres, le redoul à feuilles de myrte, etc.

On favorise la production des drageons en blessant les racines dans les labours, et celle des rejetons, en rabattant à sa base le pied mère. Cette base, ainsi mise à nu, est recouverte d'une butte de terre meuble; à l'automne ou au printemps suivant, on déchausse le pied mère et l'on détache tous les jets enracinés pour les repiquer ou les replanter.

Marcotte.

Pour les végétaux qui reprennent difficilement de boutures, on aura recours au *marcottage* ou *couchage*. C'est dire assez que ce mode de multiplication convient surtout aux arbrisseaux à feuilles persistantes. On l'emploie aussi avec avantage pour les essences à bois dur, telles que les grenadiers, les cornouillers, les lilas, les seringats, les nerpruns, les noisetiers, etc. Nous ne décrirons pas cette opération fort simple en principe, mais quelquefois aussi assez compliquée, et nous renverrons, pour ce sujet, aux ouvrages spéciaux.

Greffe.

La greffe joue encore un rôle considérable dans la multiplication et la culture des arbrisseaux et arbustes d'agrément. Elle sert à obtenir des sujets plus élégants ou plus florifères, et réussit d'autant mieux que le sujet et la greffe appartiennent à des groupes plus rapprochés dans la classification naturelle.

Les plus usitées, pour les végétaux qui nous occupent, sont les greffes en écusson, en anneau ou en flûte; les greffes en placage, en faîte ou en couronne; enfin, les greffes par approche.

La greffe en écusson s'emploie surtout pour les rosiers.

La greffe en anneau ou en flûte, peu usitée aujourd'hui, sert pour les châtaigniers, les mûriers et les noyers.

La greffe en placage s'applique avec succès aux houx et à bien d'autres végétaux dont nous n'avons pas à parler ici.

La greffe en fente convient à tous les végétaux ligneux, notamment à ceux de la famille des rosacées, ainsi qu'aux cytises, ketmies, lilas, marronniers, pavias, pivoines, técomas, etc.

Les greffes en couronne ou par approche peuvent se pratiquer aussi sur la généralité des arbustes et des arbrisseaux ; mais on ne les emploie que dans quelques cas particuliers.

Dans les cultures d'arbrisseaux et d'arbustes de pleine terre, on greffe généralement à la fin de l'hiver ou au commencement du printemps, avant le réveil de la végétation. Mais on pourrait aussi, et souvent avec avantage, greffer à l'automne ou même dès la fin de l'été, lorsque les fortes chaleurs sont passées et que le mouvement de la séve se ralentit.

L'opération de la greffe, et surtout sa réussite, exigent des soins et comportent des détails assez multipliés qui sont on ne peut mieux décrits dans le *Bon jardinier* et dans les *Pépinières*, de M. Carrière, ouvrages auxquels nous renvoyons.

III. — PLANTATION.

Il serait superflu d'insister sur l'importance que présente cette opération dans les parcs et les jardins d'agrément. Elle est soumise à des règles simples et peu nombreuses, mais susceptibles de se modifier pour ainsi dire à l'infini suivant les circonstances.

La plantation des arbrisseaux et arbustes d'ornement ne diffère pas sensiblement de celle des autres essences. Les dimensions généralement faibles des sujets sur lesquels elle s'exerce rendent l'opération plus facile et moins dispendieuse, les soins moins compliqués et la réussite plus certaine.

Le premier principe, en fait de plantations, est de placer le végétal dans une situation aussi analogue que possible à celle où il croît naturellement. Mais on comprend sans peine qu'il est d'une application difficile, impossible même dans bien des cas, lorsqu'il s'agit des plantations d'agrément.

Ici, en effet, il faut, dans la plupart des circonstances, faire plier les exigences du végétal au but que l'on se propose, qui est de réunir dans un espace plus ou moins restreint un grand nombre d'essences ornementales, qui présentent la plus grande variété dans leur tempérament et leurs conditions de végétation.

On y parvient en modifiant par places la composition chimique et les qualités physiques du sol, par des amendements et des engrais; en ayant égard aux parties abritées ou découvertes des massifs; en procurant, par des conduites d'eau souterraines ou par des ruisseaux, l'humidité indispensable aux sujets; en donnant au besoin à ceux-ci, surtout dans les premiers temps, des abris temporaires et dont ils pourront se passer plus tard; en un mot en mettant à profit, avec soin et intelligence, toutes les ressources dont dispose une horticulture perfectionnée, et qu'on peut toujours facilement appliquer sur une petite échelle.

Le sol destiné à la plantation des arbrisseaux d'agrément devra être préparé plusieurs mois à l'avance, par un défoncement de 50 centimètres en moyenne, et plus profond si le sol est de qualité médiocre. Par la même occasion, on y apportera les terres neuves, les amendements et les engrais nécessaires, et surtout les détritus provenant du curage des fossés et des cours d'eau.

L'époque à laquelle il faut planter varie suivant les essences. Les végétaux à feuilles caduques se plantent à l'automne, lorsque la végétation est suspendue; ils ont alors le temps de s'enraciner pendant les journées douces de l'hiver.

Au contraire, les arbrisseaux à feuilles persistantes, dont la végétation est continue, doivent être plantés au printemps, lorsque la température commence à s'élever et à réchauffer le sol. M. Carrière conseille même de planter ces mêmes essences de préférence vers la fin de l'été. « La chaleur, dit-il, assez forte encore pour maintenir et activer la végétation, est un peu diminuée cependant par les nuits, qui, déjà plus longues et plus fraîches, restituent aux plantes l'eau de végétation qui leur a été enlevée dans la journée. »

Les plants ayant été arrachés avec précaution, on procède à leur *habillage*. Cette opération consiste à raccourcir, à tailler, en un mot à *rafraîchir* les racines, soit qu'elles paraissent trop longues, soit qu'elles aient été mutilées lors de l'arrachage. On supprime en même temps une partie des rameaux.

On fait ensuite la plantation suivant le mode ordinaire, autant que possible par un temps couvert. Quand le sujet est planté et la terre bien tassée, on répand autour du pied un bon paillis. Enfin, on arrose assez copieusement pour bien humecter les racines et favoriser la reprise.

IV. — DISPOSITION DES SUJETS.

Il ne suffit pas de peupler un jardin d'arbrisseaux et d'arbustes d'ornement; il faut encore les disposer de manière à ce qu'ils produisent tout leur effet et se fassent ressortir mutuellement. Cette partie du jardinage d'agrément exige non-seulement des connaissances botaniques et horticoles assez étendues, mais encore beaucoup de goût et même certaines aptitudes artistiques.

La première règle à observer, c'est de proportionner le nombre et la force des sujets à l'étendue du jardin ou du parc qu'ils sont destinés à orner.

Un grand défaut chez plusieurs architectes de jardins, c'est d'entasser dans un espace exigu un nombre considérable de sujets. Ceux-ci se nuisent entre eux, se dégarnissent par le bas, et ne peuvent ni atteindre un beau développement ni produire l'effet ornemental qu'on en espère.

D'un autre côté, en voulant apporter trop de variété dans

le choix des essences, on risque de produire la confusion. Certains bosquets trop mélangés présentent, qu'on nous passe l'expression, un véritable fouillis, où l'œil s'égare sans savoir sur quel point il doit s'arrêter.

Il vaut beaucoup mieux restreindre le nombre des espèces et les choisir convenablement, les répartir isolées ou en petits groupes, suivant leur port et leur aspect général. Souvent même on se trouve bien de faire des massifs d'une seule espèce, ou tout au moins d'espèces qui, appartenant au même genre, présentent entre elles une analogie suffisante.

On plante isolément, sur les pelouses, les arbrisseaux et les arbustes qui présentent quelque chose d'extraordinaire et propre à les faire distinguer au premier coup d'œil; ces sujets perdraient tout leur mérite dans les massifs.

Cette observation s'applique surtout aux végétaux à rameaux pendants ou *pleureurs*, ou bien encore à ceux dont les rameaux sont étalés ou dressés d'une manière caractéristique. On peut en dire autant des espèces dont le feuillage est ornemental à un haut degré, soit par son ampleur, soit par son élégance ou sa coloration; de celles aussi qui présentent une floraison luxuriante, ou de grandes fleurs, ou bien encore des fruits de couleurs vives et très-apparents. On isolera en un mot tous les végétaux qui plaisent par eux-mêmes, de telle sorte qu'on aime à les voir librement sous toutes leurs faces.

Pour un motif d'un autre ordre, on évitera de placer dans les massifs les essences incommodes ou voraces, qui, par leurs racines longuement traçantes, leurs rameaux largement étalés ou leur feuillage touffu, nuiraient aux végétaux voisins. Tels sont, par exemple, les noyers, dont le fâcheux voisinage est presque devenu proverbial.

On ne plantera d'ailleurs à l'état isolé, surtout dans les situations découvertes, que les essences suffisamment rustiques pour pouvoir se passer de tout abri et n'avoir rien à craindre des vicissitudes atmosphériques.

Il est des arbrisseaux qui se plaisent de préférence au

bord des eaux; tels sont notamment le chionanthe et l'hamamélide de Virginie, les hortensias, la plupart des saules, la bourgène, le tamarix, les roseaux, les bambous, etc.

Il en est d'autres qui conviennent aux terrains en pente et même aux rocailles. Ce sont surtout les espèces à rameaux traînants, telles que le câprier, les cotonéastres, les lyciets, les ronces, quelques rosiers, les millepertuis, etc., auxquels on peut joindre le buis, les cistes, le baguenaudier, les cytises, le jasmin jaune, les genêts, les bugranes, les potentilles, etc.

V. — FORMATION DES MASSIFS.

Quant aux essences destinées à être groupées en massifs, leur disposition est par-dessus tout une affaire de goût et d'intelligence. Il y a néanmoins quelques règles à observer; mais elles sont si faciles, si naturelles, que le simple bon sens suffirait pour les faire découvrir.

Il est évident, par exemple, que l'on doit grouper les arbrisseaux et arbustes par rang de taille, de telle sorte que les plus grands soient placés au dernier plan, tandis que les plus petits se trouvent sur le devant des massifs.

On doit surtout s'attacher à former des contrastes; ainsi on entremêlera les essences à rameaux dressés et à forme pyramidale avec celles qui ont les rameaux étalés et la cime arrondie, les grands arbrisseaux à tige droite avec les espèces buissonnantes, etc.

Mais le caractère le plus important à observer, c'est sans contredit la couleur du feuillage; on sait que le vert, qui caractérise les feuilles, présente les nuances les plus variées, suivant les espèces. Les arbrisseaux à feuillage d'un vert foncé ou sombre semblent donc naturellement destinés à former le fond sur lequel se détacheront les autres.

Ces derniers se divisent en plusieurs groupes; les uns ont les feuilles d'un vert clair, les autres les ont panachées de jaune ou de blanc. Il en est chez lesquels ces organes sont revêtus d'un duvet blanchâtre, soyeux ou argenté; tels sont entre autres les chalefs, l'argousier, le poirier à feuilles de saule, le baccharis à feuilles d'halime, les cytises, plusieurs saules, etc.

Enfin, il est des arbrisseaux dont le feuillage offre des teintes rouges ou pourpres, soit à toutes les époques, comme le noisetier cuivré, soit au moins à l'automne, comme le sumac de Virginie, les vignes, quelques groseilliers, etc.

Les arbrisseaux à feuilles persistantes, dont la teinte reste généralement plus uniforme, sont appelés à jouer ici un rôle important, et l'on pourra en tirer un bon parti pour former des contrastes.

C'est encore sur les premiers plans que l'on devra mettre (autant du moins que leur dimension s'y prêtera) les espèces à floraison luxuriante, telles que les hortensias, les weigélies, les boules-de-neige, les mahonies, la plupart des spirées, etc., et celles dont les fruits abondants présentent des couleurs vives et nettement tranchées, comme le buisson ardent, le sureau à grappes, l'argousier, les chalefs, les macluras, etc.

Enfin, dans la formation des massifs, on aura égard au tempérament des végétaux. Parmi ceux-ci les uns sont assez rustiques pour pouvoir croître partout indifféremment; mais il en est d'autres qui préfèrent telle ou telle exposition. Nous avons eu soin de les faire connaître dans les chapitres précédents.

On ne saurait fixer ici de règles générales; les conditions locales où l'on se trouve placé influent beaucoup à cet égard. Dans un jardin de quelque étendue et tant soit peu accidenté, il sera facile de créer des expositions assez variées pour pouvoir satisfaire aux exigences les plus diverses.

Certains arbrisseaux servent à former des haies, des pa-

lissades ou des brise-vents ; on emploie surtout pour cela
les espèces qui supportent bien la taille, comme l'aubépine,
le troène, le buis, le houx, etc. Les palissades, plus utiles
dans les pépinières, figurent quelquefois dans les jardins
d'agrément, surtout dans ceux du genre régulier. Dans les
jardins modernes, elles peuvent servir à cacher les grands
murs nus et en général tous les objets que l'on veut dérober
aux regards, à donner aux parcs d'agrément des clôtures élégantes et gaies, enfin à procurer un abri suffisant aux essences plus ou moins délicates.

VI. — CULTURE EN POTS OU EN CAISSES.

Pour les amateurs qui n'ont pas de jardin à leur disposition, la culture en pots ou en caisses est le seul moyen de
jouir des arbrisseaux et des arbustes d'agrément. Pour tous,
cette culture sera une précieuse ressource. Grâce à elle, on
peut varier à volonté et instantanément l'aspect des bosquets
et des massifs, orner les escaliers, les perrons, les vestibules,
les terrasses, les balcons ou même l'intérieur des pièces
habitées.

Ce sont ordinairement des arbrisseaux à feuilles persistantes que l'on choisit pour ces divers objets.

On aura soin d'employer des pots ou des caisses de grandeur proportionnée à la taille des sujets qu'on y cultive ;
on les remplira de la terre qui convient à chaque espèce,
mais plus riche que pour les pieds cultivés en pleine terre.
Tous les deux ou trois ans, ou même tous les ans, on dépo-
tera ces arbrisseaux, et on les remettra, si leur développement l'exige, dans des caisses ou des pots plus grands, que
l'on remplira de terre nouvelle.

Les pots ont l'avantage de pouvoir être enterrés jusqu'au niveau du sol, et dissimulés de telle sorte que les arbrisseaux semblent faire partie du massif de pleine terre.

On peut cultiver ainsi un certain nombre d'espèces qu'il serait impossible de laisser toujours en plein air; tels sont les camellias, les orangers et citronniers, les myrtes, le *ficus elastica*, etc. Après que ces arbrisseaux auront passé l'été dans le jardin, on les rentrera, à l'automne, dans les appartements, où ils se conservent très-bien durant l'hiver.

Il va sans dire que, si l'on possède une serre tempérée, on pourra augmenter et varier ses jouissances. Mais nous devons nous borner à cette simple indication, et renvoyer au volume qui traite des arbrisseaux de serre tempérée.

VII. — ENTRETIEN ET TAILLE.

Quand l'arbrisseau est planté et qu'il a bien repris, tout n'est pas terminé. Il faut encore lui donner quelques soins, pour qu'il végète d'une manière convenable et remplisse l'objet ornemental auquel il est destiné.

On doit donc, de temps en temps, donner un léger labour aux plantations, renouveler la terre quand elle est épuisée, et au besoin y ajouter un peu d'engrais. On doit encore entretenir le sol de ces plantations dans un grand état de propreté en enlevant tous les végétaux adventices qui pourraient leur nuire.

Enfin, et c'est là le point essentiel, il faut appliquer aux arbrisseaux une taille rationnelle.

En général, quelque soin qu'on ait apporté à la plantation, les arbrisseaux n'ont qu'une faible végétation pendant la première année. A la fin de l'hiver qui la termine, il est bon de les recéper rez terre. Le végétal s'enracine mieux alors, et au printemps il se produit une belle touffe de longs et vigoureux rameaux. Au printemps suivant on éclaircit cette touffe, en supprimant, bien entendu, les rameaux les plus faibles et ceux qui se trouvent mal disposés.

Les rameaux conservés seront taillés l'année suivante à une longueur uniforme de 0^m,30 à 0^m,50 suivant leur vigueur, et cela dans le double but de régulariser la forme de la touffe et de fortifier sa base. Ceci s'applique aux espèces buissonnantes.

Quant aux grands arbrisseaux et en général à tous ceux qui doivent être formés sur une seule tige, on choisira le brin le plus droit et le plus vigoureux et l'on ébourgeonnera sa partie inférieure, afin que la séve se porte vers la cime.

On supprimera avec précaution tous les jets latéraux et les gourmands qui s'emporteraient aux dépens de la tige.

Bien que chaque espèce ait son mode particulier de végétation et par conséquent aussi ses exigences spéciales, on peut néanmoins, par rapport au mode de taille, répartir en quelques grands groupes les végétaux ligneux d'ornement.

Rappelons-nous d'abord que la taille a ici un double but : donner au végétal une forme élégante et régulière et obtenir une belle et abondante floraison.

Cela posé, parlons d'abord des arbrisseaux qui exigent une taille raisonnée et annuelle ; on peut les diviser, d'après M. E. Forney, en deux grandes catégories.

La première comprend les arbrisseaux et arbustes qui fleurissent avant la fin de mai et sur le bois de l'année précédente ; ces fleurs, qui paraissent quelquefois avant les feuilles, sont disposées à l'extrémité des rameaux comme dans les lilas, ou sur toute leur longueur comme dans les groseilliers.

On peut ranger dans cette catégorie l'aubépine, le calycanthe, les cerisiers, les chèvrefeuilles, le coignassier du Japon, les cytises, les daphnés, le deutzia, l'épine-vinette, le forsythia, les genêts, la glycine, les groseilliers, les halésies, l'indigotier, le jasmin, le lilas, les pêchers, les pommiers, les weigélies, etc.

On taillera ces arbrisseaux aussitôt après la floraison et à cinq ou six yeux de la base; on provoquera ainsi le développement de jeunes rameaux qui fleuriront à leur tour au printemps suivant.

La seconde catégorie comprend les espèces qui fleurissent depuis juin jusqu'en novembre et sur les jeunes pousses de l'année.

Tels sont, entre autres, les chèvrefeuilles grimpants, les fusains, l'hortensia, quelques indigotiers, la ketmie des jardins, la leycestérie élégante, le lyciet, la plupart des rosiers non grimpants, les spirées à fleurs roses, le sumac fustet, les sureaux, les symphorines, les viornes, etc.

Ces espèces seront taillées à la fin de l'hiver; on conservera un nombre suffisant des rameaux les plus vigoureux et on les rabattra sur quelques yeux, c'est-à-dire à une longueur de $0^m,15$ à $0^m,25$; on aura soin de les couper à une longueur à peu près égale et telle qu'ils forment une touffe bien arrondie.

Quelques arbrisseaux, tels que les ronces, le rosier jaune, le seringat, les troènes, etc., sont en quelque sorte intermédiaires entre ces deux catégories. On les taillera comme les derniers dont nous venons de parler, mais à une plus grande longueur.

Les pivoines en arbre sont taillées à la fin de l'été.

On taillera très-court, vers la fin de l'hiver, les arbrisseaux à feuillage ornemental, tels que le sureau lacinié, le noisetier pourpre et en général toutes les espèces à feuilles larges ou colorées. Au contraire, on se contentera de raccourcir les branches trop longues sur les espèces à fruit ornemental comme le buisson ardent, les cotonéastres, le sureau à grappes, etc.

En général, la taille doit être modérée et telle que les végétaux conservent leur port naturel. Quelques genres, comme les houx, les troènes, le prunellier, le buis, etc., peuvent seuls être soumis à une taille ou à une tonte énergique.

Quant aux autres soins ordinaires de culture, il serait superflu de nous étendre longuement sur ce sujet. Un amateur visitera souvent ses plantations d'agrément, sans qu'il soit nécessaire de le lui recommander; *l'œil du maître* exercera ici une heureuse influence. Il s'assurera de l'état de la végétation, des causes qui peuvent l'entraver et des moyens d'y remédier. Ses petits soins, bien simples mais assidus, seront largement payés par les résultats. Tel est le but auquel tendront naturellement ses efforts.

FIN.

TABLE ALPHABÉTIQUE

Les noms de familles sont en lettres **grasses**; les noms génériques latins en *italiques*; les noms français ou vulgaires, en romain.

TABLE DES GRAVURES

Paris. — Imprimerie de CUSSET et Cⁱᵉ, rue Racine, 26.

CATALOGUE

DE LA

LIBRAIRIE AGRICOLE

DE

LA MAISON RUSTIQUE

RUE JACOB, 26, A PARIS

PAR ORDRE DE MATIÈRES ET NOMS D'AUTEURS

MAI 1868

CE CATALOGUE ANNULE LES CATALOGUES PRÉCÉDENTS

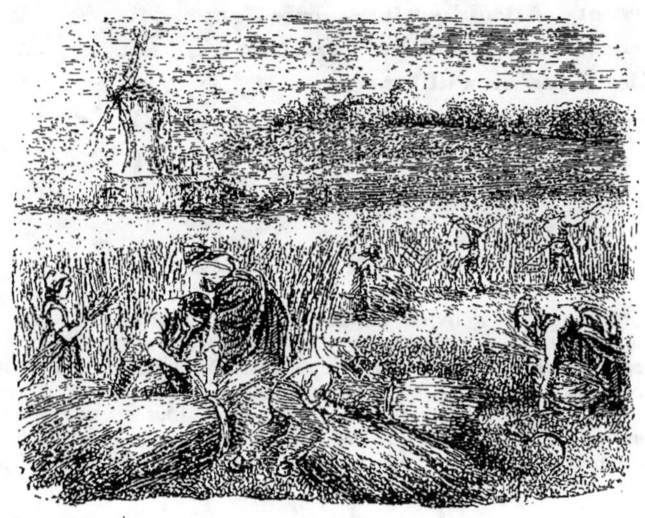

DÉSIGNATION DU CATALOGUE

AVIS IMPORTANT

Toute commande de livres publiés à Paris, si elle est faite par un abonné du *Journal d'agriculture pratique*, de la *Revue horticole* ou de la *Gazette du village*, et accompagnée du prix de ces livres en un mandat sur Paris, ou, ce qui est plus sûr, en un bon de poste dont on garde la souche, qui sert de quittance, est expédiée sur tous les points de la *France*, de l'*Algérie*, de l'*Italie*, de la *Belgique* et de la *Suisse*, *franco*, au prix marqué dans les catalogues, c'est-à-dire au même prix qu'à Paris.

Les commandes de plus de 50 francs, faites dans les mêmes conditions, sont expédiées *franco* et sous déduction d'une *remise de dix pour cent*.

Quel que soit le chiffre de la commande, la remise est toujours de *dix pour cent* pour les abonnés, lorsque, au lieu d'expédier par la poste les ouvrages demandés, la *Librairie agricole* les livre au comptant à Paris.

Le catalogue de la *Librairie agricole* est expédié *franco* à toute personne qui en fait la demande *franco*.

On ne reçoit que les lettres affranchies.

MAISON RUSTIQUE DU XIXᵉ SIÈCLE

CINQ VOLUMES GRAND IN-8 A DEUX COLONNES

ÉQUIVALANT A 25 VOLUMES IN-8 ORDINAIRES, AVEC 2,500 GRAVURES

REPRÉSENTANT

LES INSTRUMENTS, MACHINES, ANIMAUX, ARBRES, PLANTES, SERRES
BATIMENTS RURAUX, ETC.

PUBLIÉS SOUS LA DIRECTION DE

MM. BAILLY, BIXIO ET MALPEYRE

TABLE DES PRINCIPAUX CHAPITRES DE L'OUVRAGE

TOME Iᵉʳ. — AGRICULTURE PROPREMENT DITE

Climat.	Labours.	Conservation des récoltes.	Plantes-racines.
Sol et sous-sol.	Ensemencements.		Plantes fourragères.
Amendements.	Arrosements.	Voies de communication.	Maladies des végétaux.
Engrais	Irrigations.		
Défrichement.	Récoltes.	Céréales.	Animaux et insectes nuisibles.
Desséchement.	Clôtures.	Légumineuses.	

TOME II. — CULTURES INDUSTRIELLES, ANIMAUX DOMESTIQUES

Plantes oléagineuses.	Houblon.	Pharmacie vétérinaire.	Cheval, âne, mulet
Plantes textiles.	Mûrier.		Races bovines.
— économiques.	Arbres olivier.	Maladies des animaux.	Races ovines.
— potagères.	— noyer.		Races porcines.
— médicinales.	— de bordures.	Anatomie.	Basse-cour.
— aromatiques.	— de vergers.	Physiologie.	Lapin, pigeon.
— tinctoriales.	Animaux domestiques.	Elevage et engraissement.	Chiens.

TOME III. — ARTS AGRICOLES

Lait, beurre, fromage.	Laine.	Lin, chanvre.	Résines.
	Vers à soie.	Pécule.	Meunerie.
Incubation artificielle.	Abeilles.	Huiles.	Boulangerie.
	Vins, eaux-de-vie.	Charbon, tourbe.	Sels.
Conservation des viandes.	Cidres, vinaigres.	Potasse, soude.	Chaux, cendres.
	Sucre de betterave.		

TOME IV. — FORÊTS, ÉTANGS; ADMINISTRATION; CONSTRUCTION

Pépinières.	Empoissonnement.	Administration.	Constructions.
Arbres forestiers.	Législation rurale.	Choix d'un domaine.	Attelages.
Culture des forêts.	Droits de propriété.	Estimation.	Mobilier.
Exploitation.	Bail, Cheptel.	Acquisition.	Bétail, engrais.
Abatage.	Biens communaux.	Location.	Systèmes de culture
Estimation.	Police rurale.	Améliorations.	Ventes et achats.
—	Aménagement.	Capital.	Comptabilité.
Pêche, Etangs.	Plantation.	Personnel.	

TOME V. — HORTICULTURE

Terrain, engrais.	Semis-greffes.	Jardin fruitier.	Plans de jardins.
Outils, paillassons.	Pépinières.	— fleuriste.	Calendrier du Jardinier.
Couches, bâches.	Taille.	— potager.	
Terres.	Arbres à fruits.	Culture forcée.	— du forestier.
Orangerie.	Légumes.	Fleurs.	— du magnanier.

Prix des 5 volumes (ouvrage complet). . . . . 39 fr. 50
Chaque volume pris séparément. . . . . 9 fr. »

Il n'y a pas d'agriculteur éclairé, pas de propriétaire qui ne consulte assidûment la *Maison rustique du dix-neuvième siècle ;* ce livre, expression la plus complète de la science agricole pour notre époque, peut former à lui seul la bibliothèque du cultivateur. 2,500 gravures réparties dans le texte parlent aux yeux et donnent aux descriptions une grande clarté.

AGRICULTURE — ÉCONOMIE RURALE

ALLIOT.

Maladies des végétaux (Origine des) et des animaux herbivores, moyens de les prévenir par le drainage, par Alliot. 92 p. in-8.　1 50

ALMANACH.

Almanach du Cultivateur, par les Rédacteurs de la *Maison rustique*. 192 pages in-18 et 83 gravures. . . . . 　» 50

Une nouvelle édition de cet almanach est publiée chaque année.

ANNALES.

Annales de l'Institut agronomique de Versailles. 1 vol. in-4 de 418 pages avec 4 planches. 3 50

BARRAL et DE CÉRIS.

Bon Fermier (Le), par Barral, et pour les nouveautés, par de Céris. Aide-mémoire du Cultivateur. 1 volume in-12 de 1,495 pages et 100 gravures. . . . . 7 »

Ouvrage contenant : le calendrier détaillé — le tableau des foires de chaque département — des tables usuelles pour la détermination du poids du bétail et pour les principaux besoins de l'agriculture — les travaux agricoles de chaque mois pour toutes les parties de la France — les distilleries — féculeries — brasseries et autres industries annexées aux exploitations rurales — la mécanique agricole complète, avec description et gravure des meilleurs instruments aratoires, machines, etc.

Une nouvelle édition du *Bon Fermier* est publiée tous les ans, avec revue de l'année écoulée et addition des nouveautés, par de Céris.

BERTIN.

Chemins vicinaux (Des), par Amédée Bertin. in-8 de 111 p.　1 »

Statistique des subsistances (De la), par A. Bertin. 1 vol. in-12 de 96 pages. . . . . 　» 50

BODIN.

Agriculture (Éléments d'), par Bodin. 4e édition. 1 vol. in-18 de 360 pages. 1 75

BONNIER.

De l'assistance publique, par le même. 1 vol. in-8 de 224 p.　3 »

Monographies agricoles, par Bonnier. 1 vol. in-12 de 168 p.　1 25

Statistique agricole et industrielle de l'arrondissement de Valenciennes, par Bonnier, juge de paix, président du Comice agricole de Condé. 1 vol. in-8 de 178 pages. 3 50

Cet ouvrage a été couronné par la Société impériale et centrale d'agriculture de France.

BORIE (Victor).

Agriculture au coin du feu, par Victor Borie. 1 vol in-12 de 290 pages. . . . . 3 »

Agriculture et liberté, par V. Borie, membre de la Société impériale et centrale d'agriculture de France. 1 vol. in-8 de 189 pages. .　4 »

Animaux de la ferme, par V. Borie (voir p. 17). L'Espèce bovine forme 20 livraisons renfermant chacune 2 ou 3 aquarelles et 16 pages de texte. gr. in-4°, édition de luxe. Prix du volume cartonné.　85 »
Le même ouvrage richement relié. . . . . 100 »

Calendrier agricole (LES DOUZE MOIS), par V. Borie. 1 vol. in-8 à 2 colonnes de 380 pages et 95 gravures. 3 50

Gazette du village, fondée par V. Borie, voir page 30.

Question du Pot-au-feu, par Victor Borie. Organisation du commerce des viandes. In-8 de 47 pages 1   »

Travaux des champs, par V. Borie (Bibl. du Cultiv.). 188 pages et 121 grav. 1 25

BORTIER.

Desséchement des Moëres, par Cobergher, en 1622. Notice par Bortier. 8 p. in-8, portrait de Cobergher et carte des Moëres.   1   »

BOST.

Table décennale du Correspondant des justices de paix et des tribunaux de simple police, par Bost. 1 vol. in-8 de 184 pages. 4   »

BRAY (DE).

Question des sucres Résumé des opinions. In-8 23 pages .   » 50

BRETON.

Assistance publique (L') et la bienfaisance au dix-neuvième siècle, par F. Breton. 1 vol. in-8 de 160 pages. 2 50

Crédit agricole en France, par Breton. 100 pages in-8 . .   1   »

Défrichement (Manuel théorique et pratique du), par Breton. 1 vol. in-8 de 400 pages. 4   »

Grains (Moyens infaillibles de prévenir la pénurie des) et leur cherté excessive en France, par Breton. In-8 de 32 pages.   » 50

BUJAULT (Jacques).

OEuvres de Jacques Bujault. 3ᵉ édition. 1 vol. in-8 de 510 pages et 53 gravures. 6   »

CANCALON.

Histoire de l'agriculture, par Cancalon. 1 volume in-8 de 474 pages. 6   »

CARPENTIER.

Enseignement agricole (Entretien sur l') en France, par Carpentier. 1 brochure. . . . .   » 40

CRISES, etc.

Crises agricoles (Les) dans l'abondance et la pénurie des grains; moyens infaillibles de les prévenir, par l'ancien rapporteur de la Commission du Crédit agricole au Congrès central d'agriculture dans la session de 1847. 1 brochure in-18 de 40 p. 3ᵉ édit. . . . . . .   » 50

DESTREMX DE SAINT-CRISTOL.

Agriculture méridionale. Le Gard et l'Ardèche. 1 vol. in-8 de 407 pages. 3 50

DEZEIMERIS.

Conseils aux agriculteurs sur l'art d'exploiter le sol avec profit, par Dezeimeris, ancien député. 3ᵉ édit. 1 vol. in-12 de 654 pag.   3 50

DOMBASLE (DE).

Agriculture (Traité d'), par Mathieu de Dombasle. 5 vol. .   30   »

Annales de Roville, par Mathieu de Dombasle. 9 vol. in-8.   61 50

Calendrier du Bon Cultivateur, par Mathieu de Dombasle. 10e édition. 1 vol. in-12 de 872 pages et 5 planches.. . . . . . 4 75

Écoles d'arts et métiers, par Mathieu de Dombasle. 1 brochure in-18 de 106 pages. . . . . 1 »

Économie politique et agricole, par Math. de Dombasle. 1 vol. in-18 de 194 pages. 1 50

DOYÈRE.

Alucite des céréales, ses ravages et moyens de les faire cesser, par Doyère. 110 pages in-4, gravures et 3 planches. 3 50

Ensilage, par Doyère, professeur d'histoire naturelle à l'École centrale des arts et manufactures. In-8 de 48 pages. . . . . » 75

DRALET.

Taupier (Art du). par Dralet. 16e édition. In-12 de 66 pag. 1 »

DREUILLE (DE).

Métayage (Du) et des moyens de le remplacer, par le vicomte de Dreuille. 1 vol. in-18 de 104 pages. . . . . 1 »

DUGUÉ.

Comptabilité agricole (Notions pratiques de), par Dugué. 1 brochure in-8 de 32 pages. 1 25

DURRIEUX.

Monographie du paysan du département du Gers, par Alcée Durrieux. 1 vol. in-18 de 260 pages. 3 50

EMION (V.).

Taxe (La) du pain. par Victor Emion, avec préface par Victor Borie. 1 vol. in-8 de 108 pages. . . . . 4 fr.

ENQUÊTE.

Agriculture française (Enquête sur l'), par une Réunion de députés. 1 vol. in-8 de 244 pages. 2 50

ERATH.

Houblon. par Erath, traduit par Nicklès. (Bibl. du Cultiv.). 136 pages et 22 gravures.. . . . . 1 25

ESTANCELIN.

Enquête (L') et la crise agricole, lettre à M. le ministre de l'agriculture ; par Estancelin. 1 brochure in-8 de 32 pages. . . . . 1 »

FALLOUX (Comte DE).

Dix ans d'agriculture. Br. in-8, 47 pages. . . . . 1 »

FLAXLAND.

Enquête agricole (Quelques considérations relatives à l'), dans les départements frontières du Nord-Est, par Flaxland. . . . 1 »

FRILET.

Igname de la Chine (Notice sur la pomme de terre et l'), par Frilet. In-8 de 24 pages. . . . . » 50

GASPARIN (DE).

Agriculture (Cours d'), par de Gasparin, membre de l'Académie des sciences, ancien ministre de l'agriculture. 6 vol. in-8 et 253 gr.. 39 50

Fermage (estimation, plan d'amélioration, baux), **par de Gasparin,** membre de l'Institut, ancien ministre de l'agriculture (Bibl. du Cultiv.). 3ᵉ édit. 216 pages. 1 25

Métayage (contrat, effets, améliorations), par de Gasparin (Bibl. du Cult.). 2ᵉ édit. 166 pages. 1 25

Safran (Culture du), par de Gasparin. . . . . » 75

GAUCHERON.

Économie agricole (Cours d') et de culture usuelle, par Gaucheron. 2 vol. in-18. . . . . 2 50

GAULTIER.

Trente années d'agriculture pratique, par P. Gaultier. 1 vol. in-12 de 275 pages. 1 25

GIRARDIN (J.).

Agriculture (Mélanges d'), par Girardin. 2 vol. in-12. . . . 10

GOURCY (DE).

Voyage agricole en France, Allemagne, Hongrie, Bohême et Belgique, par le comte de Gourcy. 1 vol. in-12 de 432 pages. . . . 3 50

GOUX (J.-B.).

Le sorcier, légende du chantier rural. In-18, 70 pages. . . . 1 »

GRANDEAU (L.) ET SCHLŒSING.

Le tabac, moyens d'améliorer sa culture. 1 vol. in-18. (Bibl. du cultivateur). 1 25

GROUSSEAU (DE).

Comices (Manuel des), par de Grousseau. 1 brochure in-32 de 50 pages. . . . . » 15

GUILLON.

Agriculture provençale (Essai d'un traité d'), par Guillon 2 vol. in-18, ensemble de 300 pages. . . . . 5 »

Agriculture provençale (Vade mecum de l'), par Guillon. 1 vol. in-18, de 156 pages. . . . . 2 »

Catéchisme de l'agriculteur provençal, par Guillon. 1 vol. in-18 de 52 pages. . . . . 1 »

GUSTAVE D.

Hanneton. Ses ravages, moyen de le détruire, par Gustave D. 1 brochure in-8 de 16 pages. . . . . » 75

HEUZÉ.

Agriculture au moyen âge (De l'influence exercée par les croisades sur l'), par Gustave Heuzé, br. in-8 de 23 p. . . » 50

Assolements et systèmes de culture, par Heuzé. 1 vol. in-8 de 536 pages avec nombreuses gravures sur bois. . . . . . 9 »

Fumures et des étendues de fourrages (Formules des), par G. Heuzé, 72 pages. (Bibl. du Cult.). 1 25

Pavot (Culture du), par Heuzé. 1 vol. in-18 de 44 pages. . » 75

Plantes fourragères, par Heuzé, 3ᵉ édition. 1 vol. in-8 de 582 p. avec 42 vignettes sur bois et 20 gravures coloriées. . . . . 10 »

Plantes industrielles, par Heuzé. 2 vol. in-8 de 896 pages, avec des vignettes sur bois et 20 gravures coloriées. . . . . . . 18 »

JAMET.

Agriculture (Cours d') et chaulages de la Mayenne. 2ᵉ édition, par Jamet, président du comice de Craon, ancien représentant. 400 pages in-12. . . . . 3 50

Blé (La Question du), par Ed. Lecouteux. Br. de 32 pages. 1 »

Culture améliorante (Principes de la), par E. Lecouteux, ancien directeur des cultures à l'Institut agronomique de Versailles. 3ᵉ édition. 1 vol. in-12 de 400 pages. 3 50

Culture (Traité des entreprises de grande), ou principes d'économie rurale; par E. Lecouteux. 2 vol. in-8, formant ensemble 1,136 pages. . . . . 15 »

LEFEBVRE.

Maladie des pommes de terre. In-8 de 112 pages. . . . 1 50

LEFOUR.

Arithmétique agricole, par Lefour. 1 vol. in-16 de 128 pages ornées de vignettes. (Bibl. des écoles primaires.) . . . . . . » 75

Comptabilité et géométrie agricoles, par Lefour (Bibl. du Cultiv.). 214 p. et 104 grav. 1 25

Culture générale et instruments aratoires, par Lefour (Bibl. du Cultiv.). 1 vol. in-18 de 160 pages et 132 gravures. . . . 1 25

Problèmes agricoles (300), par Lefour. 1 brochure in-18 de 36 pages. . . . . » 50

LE MAOUT.

Le trésor des laboureurs. Adages, maximes et proverbes agricoles. In-18 de 176 pages. 1 50

LÉOUZON.

Enseignement agricole (Réforme de l'), par Louis Léouzon, 1 brochure in-8 de 28 pages. . . . . 1 »

LEPLAY.

Sorgho sucré (Culture du) comme plante industrielle et comme plante fourragère; par H. Leplay. 36 pages in-8. . . . . . 1 »

LEROY (A.).

Revue agricole illustrée. Guide du châtelain. In-4 de 148 pages, orné de nombreuses gravures. . . . . 5 »

LIEBIG (DE).

Lettres sur l'agriculture moderne, par le baron Justus de Liebig, traduites par le docteur Théodore Swarts. 1 volume in-18 de 244 pages. 3 50

LOUVEL.

Grains (Conservation des) au moyen du vide, par le docteur Louvel. . . . . » 75

LULLIN DE CHATEAUVIEUX.

Voyages agronomiques en France, par Lullin de Chateauvieux. 2 vol. in-8, formant ensemble 1031 pages. . . . . 10 »

LURIEU (DE).

Colonies agricoles (Études sur les) de mendiants, jeunes détenus, orphelins et enfants trouvés de Hollande, Suisse, Belgique, France; par de Lurieu et Romand, inspecteurs généraux des établissements de bienfaisance. 1 vol. in-8 de 462 pages. 7 50

MACHARD.

Prairies artificielles (Essai sur les). Luzerne, Trèfle ordinaire, Trèfle printanier, et Sainfoin ou Esparcette, par Machard. In-18. 1 »

MAGNIER.

Avenir de l'agriculture par l'enseignement agricole, par Magnier. 1 brochure. . . . . » 40

Martinelli.

Comices (Appel aux), par J. Martinelli. 32 pages in-8. . . » 50

Martres.

Agriculture (L') du département des Landes devant l'enquête, et son amélioration par la culture de la vigne et du pin, par
Léon Martres. In-12 de 100 pages et table. . . . . » 75

Masure.

Leçons élémentaires d'agriculture à l'usage des agriculteurs
praticiens et destinées à l'enseignement agricole dans les écoles spéciales d'agriculture, dans les écoles normales primaires et dans les écoles
communales. .
Première partie : Les plantes de grande culture, leur organisation et leur
alimentation. 1 vol. in-18 de 330 p. et 32 grav. 3 50
Deuxième partie : Vie aérienne et vie souterraine des plantes agricoles.
1 vol. de 477 pages et 20 figures. 3 50
L'ouvrage complet, ... 7 »

Méheust (P.).

Économie rurale de la Bretagne, par P. Méheust. 1 vol. in-18
de 220 pages. 2 50

Économie rurale (Leçons publiques d'), par Méheust. 1 vol.
in-18 de 68 pages. . . . . 1 »

Mesnil-Marigny (Du).

Céréales et la douane (Les), par du Mesnil-Marigny. 1 vol. in-18
de 260 pages. . . . . 3 »

Midy.

**Nouvelle manière de cultiver et de récolter les better-
raves,** par F. Midy. 2ᵉ édition. In-8 de 48 pages. . . . . . 1 »

Moll.

Inondations (Moyens de réparer les ravages des), par
Moll, professeur d'agriculture au Conservatoire. 10 pages in-4. » 50

Nivière.

Dombes (La) ou l'Eau et l'Herbe. Conseils aux propriétaires de
grandes terres. 1 vol. in-8 de 128 pages et tableaux . . . . . 2 »

Papier.

Tabacs en Algérie (Question des), par Papier. In-8 de 88 pages. . . . . 2 »

Paté (J.-B.).

Mes revers et mes succès en agriculture. 1 volume in-8 de
126 pages. . . . . 2 »

Pépin-Lehalleur.

Labourage à vapeur. Concours international de Roanne, rapport du
jury. In-8 de 49 pages. . . . . » 50

Perret.

Agriculture (L') et l'Enseignement primaire. In-8 de
23 pages . . . . » 60

Perrin de Grandpré.

Crédit agricole et caisse d'épargne, par Perrin de Grandpré.
In-8 de 48 pages. . . . . 1 »

Petit-Laffitte.

Tabac (Culture du), par Petit-Laffitte. 104 pages in-12. . . 2 »

PICHAT ET CASANOVA.

Question agricole en Dombes (Examen de la), par Ch. Pichat
et A. M. Casanova. In-8 de 72 pages et tableaux. 1 50

RANCY (EDMOND DE GRANGES DE).

Comptabilité agricole (Traité de), par Ed. de Rancy, 2ᵉ édition. 1 vol. in-8 de 296 pages. . . . . 5 «

REGISTRES.

Registres de comptabilité.
    La main de 24 feuilles in-folio avec couverture. . . . . . . 2 »
         —   in-quarto   —   1 25

RÉUNIONS, etc.

Réunions territoriales, création de chemins d'exploitation. Étude
sur le morcellement en Lorraine, par F. P. 48 pages in-8. . » 75

RICHARD.

Conservation des céréales. Détails explicatifs de deux procédés
pour la destruction des charançons. In-32 de 36 pages . . . . . » 25

RIGAUT.

Statistique agricole du canton de Wissembourg, par Rigaut, juge au tribunal de Wissembourg. 392 pages gr. in-4 . . 15 »
    Cet ouvrage a été couronné par la Société impériale et centrale d'agriculture
et par l'Académie nationale agricole de Paris.

RIONDET.

Agriculture (L') de la France méridionale, ce qu'elle a été, ce qu'elle
est, ce qu'elle pourrait être, par A. Riondet, agriculteur à Hyères. 1 vol.
in-18 jésus de 560 pages. 3 50

Olivier (L'), par A. Riondet. In-18 jésus de 139 pages. (Bibliothèque
du Cultivateur.). 1 25

ROCHUSSEN.

Culture et fécondation artificielles des céréales, système
Hooïbrenk, par Rochussen. 1 v. in-8 de 54 pages, avec 3 pl. 1 50

RONDEAU.

Crédit agricole (Projet de), par Rondeau, ancien représentant du
peuple. 1 vol. in-18 de 236 pages . . . . 2 »

ROYER.

Allemande (L'Agriculture), ses écoles, son organisation, ses mœurs
et ses pratiques ; par Royer, inspecteur général de l'agriculture. 1 vol.
grand in-8 de 542 pages. 7 50

Statistique agricole de la France en 1843, par Royer. 1 vol.
in-8 de 304 pages. 5 »

SAINT-AIGNAN.

Crise agricole (La), prise de loin et vue de haut, par le
comte de Saint-Aignan, membre de la Société impériale d'acclimatation. . . . . 1 »

SAINTOIN-LEROY.

Comptabilité agricole (Cours complet), par Saintoin-Leroy.
1° *Manuel de comptabilité agricole pratique,* en partie simple et en partie double,
   seconde édition, avec modèle des écritures d'une exploitation rurale pour une
   année entière. 1 vol. gr. in-8 et tableaux, de 176 p. . . . . 3 »
2° *Comptabilité-matières de l'agriculteur,* Complément du *Manuel de comptabilité agricole pratique,* suivie du *Livre du travail,* et d'une *Méthode abrégée
   de tenue des livres agricoles en partie simple.* 1 vol. gr. in-8 de 144 pages,
   avec nombreux tableaux. . . . . 4 »
3° *Comptabilité simplifiée, agricole et commerciale,* mise à la portée de la
   moyenne et de la petite culture, suivie de la *Comptabilité spéciale des marchands et des artisans,* à l'usage des écoles primaires de garçons et de filles.
   1 vol. gr. in-8 et tableaux, de 96 pages. . . . . 2 »

Registres pour la grande et la moyenne culture.

Registre-Mémorial de l'Agriculteur (comptabilité-matières), réunion de tous les tableaux nécessaires à la constatation de tous les faits d'une exploitation rurale. 1 vol. gr. in-4 oblong. . . . . 5 »

Livre de caisse (comptabilité-espèces), registre en tableaux. 1 vol. grand in-4 oblong. 2 50

Journal, registre en blanc réglé et folioté. 1 vol. gr. in-4 oblong. 2 50

Grand-Livre, registre en blanc réglé et folioté. 1 vol. gr. in-4 oblong. . . . 3 »

On peut joindre à ces registres des cahiers quadrillés pour la constatation journalière des travaux de main-d'œuvre, des attelages et de la nourriture du personnel.

1° Cahier quadrillé avec instruction et modèles de tableaux. 1 vol. petit in-4 oblong. . . . . 2 »

2° Cahier simplement quadrillé. 1 vol. petit in-4 oblong. 1 25

Agenda de poche du Cultivateur, petit cahier à joindre à tous les Agendas usuels, de 36 pages, format in-18 ; prix des dix exemplaires. 1 50

Comptabilité de la petite culture à l'aide d'un seul livre dit Mémorial-caisse, à l'usage de l'enseignement élémentaire de la comptabilité agricole dans les écoles primaires. in-4 oblong. 1 25

Registres pour la comptabilité simplifiée.

Registre unique du Cultivateur pour l'application de la Comptabilité simplifiée. 1 vol. petit in-4 oblong, de 100 pages. . . . . 2 »

Le même, moins fort, pour les écoles. . . . . » 60

Livre de caisse des Marchands. 1 vol. petit in-4 oblong. . . . . 2 »

Livre de caisse des Artisans. 1 vol. petit in-4 oblong. . . . . 2 »

Chaque volume ou registre se vend séparément.

SCHLŒSING ET GRANDEAU (L.) Voir Grandeau et Schlœsing.

SCHWERZ.

Agriculteur commençant (Manuel de l'), par Schwerz, traduit par Villeroy (Bibl. du Cultiv.). 5ᵉ édit. 332 pages. 1 25

SERS (Louis).

Enquête agricole (L') dans le département des Basses-Pyrénées, en 1866, par Louis Sers. 1 vol. in-8 de 93 pages. 2 50

STOCKHARDT.

Ferme (La), Guide du jeune Fermier, par Stockhardt. 2 vol. in-18 formant ensemble 616 pages. 7

THOMAS (Ernest).

Halles et marchés en gros (Manuel des), guide de l'approvisionneur, de l'acheteur et des employés aux divers services de l'alimentation de Paris. 1 vol. in-18 de 316 pages. 3

TRAVANET (Marquis DE).

Mémoires de Cincinnatus Fenouillet, à la poursuite du progrès agricole, ou l'agriculture en roman. 1 vol. in-12 de 345 pages. . . . . 3 »

VIGNÉRAL (DE).

Agriculture (Manuel populaire d') à l'usage des cultivateurs d'Argentan, par de Vignéral. 92 pages in-8. . . . . 1 25

VILLE.

Maladie des pommes de terre. In-8 de 32 pages. . . . . 1 »

VILMORIN.

Sorgho sucré et igname de Chine, par Vilmorin. 8 pag. » 25

YOUNG (Arthur).

Voyages en France pendant les années 1787, 1788, 1789, par Arthur Young, traduit par Lesage. 2 vol. in-18. . . 7 »

AMENDEMENTS, ENGRAIS, CHIMIE, PHYSIQUE, MÉTÉOROLOGIE

Annuaire de la Société météorologique de France. Recueil
de 400 à 600 pages in-8 ; l'année . . . . 30 »
  En vente les années 1852 à 1866.

   BOBIERRE.

Atmosphère (L'), le sol, les engrais, par Bobierre. 1 vol. in-12
de 632 pages. . . . . 5 »

Noir animal (Le). Analyse, emploi, vente, par Bobierre (Bibl. du
Cultiv.). 156 p. et 7 grav. 1 25
  Voir MORIDE et BOBIERRE.

   BORTIER.

Coquilles animalisées, leur emploi en agriculture, par Bortier. . . . . 1 »

   CARTIER (J.).

Sels alcalins (De l'emploi des) en agriculture, par J. Cartier, ingénieur civil. 1 vol. in-8 de 135 pages. . . . . 2 »

   FOUQUET.

Fumiers de ferme et composts, par Fouquet (Bibl. du Cult.).
2ᵉ édit., 176 p. et 19 grav. 1 25

   JAUFFRET.

**Nouvelle méthode pour la fabrication économique des
engrais,** par Pierre-J. Jauffret. 1 br. in-8 de 56 p. et 1 pl. 3 »

   HEUZÉ.

Fumures et des étendues en fourrages (Formules des),
par G. Heuzé. 2ᵉ édition. 1 brochure in-18 de 60 pages. . . . 1 25

Matières fertilisantes, par Heuzé. 4ᵉ édition. 1 vol. in-8 de 708
pages. . . . . 9 »

   LEFOUR.

Sol et engrais, par Lefour (Bibl. du Cultiv.). 180 p. et 50 gr. 1 25

   MARIÉ-DAVY.

Météorologie. Les mouvements de l'atmosphère et des mers, considérés au point de vue de la prévision du temps, par le Dʳ Marié-Davy.
1 vol. grand in-8 avec 24 cartes coloriées et fig. dans le texte. . 10 »

   MARTIN (DE).

Engrais alcalins (Des) extraits des eaux de mer. In-8 de 15 pag. » 50

   MÉMORIAL.

Mémorial du propriétaire améliorateur. Excellence, emploi
et dosage des amendements calcaires. 1 vol. in-12 de 296 pages. 2 50

   MASURE.

**Marne et chaux employées en agriculture (mémoire sur
les avantages comparés),** par Masure. 1 brochure in-8 de 108
pages. 1 50

   MÉGE-MOURIÈS.

**Fabrication des acides gras propres à la fabrication des
bougies et des savons.** In-4 de 22 pages. . . . . 1 »

   MORIDE ET BOBIERRE.

Technologie des engrais de l'ouest de la France, par Ed.
Moride et Adolphe Bobierre. 1 vol. in-8 de 344 pages. . . . . 5 »

OKORSKI.

Désinfection des villes. Engrais complet dit engrais atmosphérique ; par Okorski. 1 brochure in-8, de 24 pages et 3 tableaux............ 1 »

PETIT-LAFFITTE.

Études de terres arables, par Petit-Laffitte. 1 vol. in-18 de 160 pages................................ 1 50

PIÉRARD.

Chaux (La), son emploi en agriculture, par Piérard, ingénieur en chef des mines. 56 pages in-12.............................. 75

PIERRE.

Chimie agricole, par Isidore Pierre, professeur de chimie à la Faculté de Caen. 4e édition. 1 vol. in-12 de 560 pages et 23 grav. 4 »

Recherches analytiques sur la valeur comparée de plusieurs des principales variétés de betteraves, In-8 de 46 pages.........................

PUVIS.

Amendements (Traité des), par Puvis. 1 volume in-18 de 440 pages............................... 3 50

RENOU.

Instructions météorologiques et Tables usuelles, par Renou. 188 pages de texte, 112 de tables............. 5 »

RONNA (A.).

Phosphates de chaux (Fabrication et emploi des) en Angleterre, par A. Ronna, ingénieur. 1 vol. in-18 de 162 pages.... 4 »

Utilisation des eaux d'égout en Angleterre, Londres et Paris, par A. Ronna, ingénieur. 1 vol. in-8 de 152 pages et 5 grandes planches....................................... 6 »

SACC.

Chimie agricole (Précis élémentaire de), par le docteur Sacc. 2e édition. 1 vol. in-12 de 454 pages et 3 gravures........ 3 50

STOCKHARDT.

Chimie usuelle appliquée à l'agriculture et à l'industrie, par Stockhardt, traduite par Brustlein. 1 volume in-18 de 524 pages et 225 gravures........................... 4 50

VILLE.

Engrais chimiques (Les). Entretiens agricoles, donnés au champ d'expériences de Vincennes dans la saison de 1867, par Georges Ville. 1 vol. in-18 jésus de 300 pages. Gravures et planches..... 3 50

Recherches expérimentales sur la végétation, par Georges Ville. Mémoires et mélanges, tome Ier. 1 vol. gr. in-8 de 400 pages avec 3 planches et gravures........................ 15 »

DRAINAGE — IRRIGATION — ÉTANGS — PISCICULTURE

BARRAL.

Drainage des terres arables, par Barral. 2e édition. 2 vol. in-12 formant ensemble 960 pages et contenant 443 grav. et 9 pl... 7 »

Irrigations, engrais liquides et améliorations foncières permanentes, par Barral. 1 v. in-12 de 790 p. et 120 grav... 7 50

Législation du drainage, des irrigations et autres améliorations foncières permanentes, par Barral. 1 vol. in-12 de 664 pages. .   7 50

BENOIT.
Drainage (Système de), par Benoît. In-8, 24 pages et 1 pl.   1 »

DELACROIX.
Drainage (Faits de), débit des terres drainées, position des plans d'eau souterrains, par Delacroix. 84 pages in-18 et 4 gravures.   1 25

DALLOZ.
Irrigations (Code des), suivi des rapports de MM. Dalloz et Passy, et de la législation étrangère, par Berlin, avocat, rédacteur en chef du journal *le Droit.* 1 vol. in-8 de 182 pages. . . . .   3 »

DANILEWSKI.
Coup d'œil sur les pêcheries en Russie, par C. Danilewski. Grand in-8 de 75 pages. 1 50

JEANDEL.
Inondations (Études expérimentales sur les), par Jeandel, ancien élève de l'École forestière. 1 vol. in-8 de 146 pages. . .   2 50

JOIGNEAUX.
Pisciculture et culture des eaux, par Joigneaux. 1 vol. in-18 de 360 pages et 61 gravures. Prix. 3 50

LAMBOT-MIRAVAL.
Montagnes (moyens de les reverdir par l'irrigation et de prévenir les inondations), par Lambot-Miraval. 66 pag.   2 »

LECLERC.
Drainage (Traité pratique de), par Leclerc, ingénieur, chef du service du drainage en Belgique. 1 vol. in-12 de 424 p. 130 gr.   3 50

MARTRES.
Drainage appliqué à l'agriculture des landes, par Martres. 70 p.   1 »

MIDY.
Drainage (Le) et l'irrigation, par Midy. 27 pages in-8. . .   » 50

MONNY DE MORNAY.
Irrigations en Italie et en Allemagne (Législation des), par Monny de Mornay, chef de la division de l'agriculture au ministère de l'agriculture. 1 vol. in-8 de 166 pages. 3 50

MOULS.
Huîtres (Les), par l'abbé L. Mouls, curé d'Arcachon. 1 v. in-18.   1 25

MULLER (A.) ET VILLEROY (F.)
Manuel des irrigations. 2ᵉ édition revue et corrigée par les auteurs. 1 vol. in-12 de 263 pages et 123 gravures. 3 50

NIVIÈRE.
Drainage (Moyen d'obtenir du) tout son effet utile, par Nivière, ancien directeur de l'école de la Saulsaie. In-12 de 36 pages. . .   » 75

PELLAULT.
Irrigations. Commentaire de la loi du 29 avril 1843, par Henri Pellault, docteur en droit. In-12 de 374 pages. 3 50

SERS.
Irrigation dans les contrées montagneuses, par Sers. Une brochure in-8 de 24 pages. . . . .   » 75

Thackeray.

Drainage (Philosophie et art du), par Thackeray. 96 p.   2 50

Vignotti.

Irrigations du Piémont et de la Lombardie, par Vignotti.
1 vol. in-18 de 94 pages. . . . .   » 75

Villeroy (F.)
Voir Muller (A.) et Villeroy (F.)

Virebent.

Drainage rendu facile, par Virebent. 40 p. in-8 et 3 pl. .   1 25

Vitard.

Manuel populaire de drainage, par A. Vitard, 2ᵉ édition. 1 vol.
in-12 de 164 pages avec figures et planches 2 50

CONSTRUCTIONS, INSTRUMENTS, ARTS AGRICOLES

Casanova.

Charrue (Manuel de la), par Casanova. 1 vol. in-18 de 176 pages
et 83 gravures. 1 75

Damey.

Machines à battre (Le conducteur de), par Damey. 1 vol. in-
18 de 108 pages. 1 50

Kergorlay (De).

Ferme de Canisy, par de Kergorlay. 24 p. in-4 et 52 grav.   1 »

Labourage (à vapeur, etc.).

**Labourage (Du) à vapeur et des labours profonds en
1867.** Résultats du concours international de Petit-Bourg. 1 vol. de
96 pages in-8 avec 14 gravures. . . . . 3 fr.

Lefour.

Constructions et mécaniques agricoles, par Lefour (Bibl.
du Cultiv.). 216 p. et 151 gr. 1 25

Machines, etc.

Machines à moissonner. Rapport du jury sur le concours de 1859.
64 pages grand in-8, 34 gravures. . . . .   1 »

Pepin-Lehalleur.

Labourage à vapeur. Concours international de Roanne, rapport du
Jury, in-8 de 49 pages. . . . . » 50

Piot.

Meulerie et meunerie, par Piot. 1 vol. in-8 de 370 pages et 21
gravures. . . . . 12 »

Planet.

Machines à battre (La vérité sur les), par de Planet. 1 vol.
in-18 de 256 pages. . . . . 2 »

Saint-Martin.

Chemins ruraux (Des), par Saint-Martin. 1 brochure in-8 de 60
pages. . . . . 2 »

Touaillon.

Meunerie (La), la boulangerie, la biscuiterie, la vermicellerie, l'amidonnerie, la féculerie et la décortication des légumineuses, par Charles Touaillon fils, ingénieur, constructeur spécial de moulins, meules, etc. 1 vol. in-18 de 452 pages. . . . . 5 »

ANIMAUX DOMESTIQUES — MÉDECINE VÉTÉRINAIRE

Ayrault.

Industrie (De l') mulassière en Poitou, ou étude de la race chevaline mulassière, de l'âne, du baudet et du mulet, par Eugène Ayrault, vétérinaire. 1 vol. in-12 de 200 pages et 3 planches. . . . . 3 »

Cet ouvrage a obtenu une grande médaille d'or à la Société impériale et centrale d'agriculture de France.

Benion.

Races canines (Les). Origine, transformations, élevage, amélioration, croisement, éducation, utilisation au travail, rage, maladies, taxes, etc., par A. Benion, médecin vétérinaire. 1 vol. in-12 de 260 pages, orné de 12 belles gravures.. . . . . 3 50

Borie (Victor).

Animaux de la ferme, par Victor Borie. — ESPÈCE BOVINE.

Ce volume, qui est terminé, contient 46 aquarelles dessinées d'après nature. 65 gravures noires intercalées dans le texte et 332 pages de grand in-4 imprimées avec luxe, cartonné. . . . . 85 »
Richement relié.. . . . . 100 »

Daignaud.

Race bovine du Limousin (Amélioration de la), par Daignaud. 1 vol. in-18 de 106 pages.. . . . . 1 50

Dampierre (De).

Races bovines, par de Dampierre (Bibl. du Cult.). 2ᵉ édit. 196 pages et 28 gravures. 1 25

Delafond.

Typhus de l'espèce bovine, par Delafond, professeur à l'École vétérinaire d'Alfort. 20 pages in-8 et 5 gravures. . . . . » 75

Flaxland (J.-F.).

Études sur l'élevage, l'entretien et l'amélioration de la race bovine en Alsace. 124 p. in-8. . . . . 2 »

Gayot.

Attelage du bœuf et de la vache (Théorie et pratique du meilleur mode d'), par Eug. Gayot. in-8 de 65 pages. . . 1 »

Bétail gras (Le) et les concours d'animaux de boucherie, par Eugène Gayot. 1 vol. in-8 de 204 pages. 3 50

Cheval (Achat du), par Gayot (Bibl. du Cultiv.). 1 vol. de 216 pages et 25 grav.. . . . . 1 25

Chevaline (La France), par Eug. Gayot, ancien directeur des haras. 1ʳᵉ partie : *Institutions hippiques*, contenant l'histoire de l'administration des haras, étalons approuvés et autorisés, étalons départementaux, primes à la production et à l'élève; courses au trot, au galop; steeple-chases. 4 vol. in-8. . . . . 20 »

2ᵉ partie : *Etudes hippologiques* traitant de toutes les questions de science qui aboutissent à la production et à l'élève des chevaux. Étude physiologique de toutes les races du pays et de leurs transformations. 4 v.   26 »

Lièvres, lapins et léporides, par Eug. Gayot (Bibl. du Cultiv.), 216 p. et 16 grav. 1 25

Mouches et vers, par Eug. Gayot, 1 vol. in-12 de 218 pages, orné de 33 vignettes. 3 50

Poules et œufs, par E. Gayot (Bibl. du Cultiv.). 1 v. de 216 pag.   1 25

Sportsman (Guide du), ou traité de l'entraînement. 1 vol. in-18 de 376 pages avec 12 gravures, par E. Gayot. 4ᵉ édition. 3 50

GEOFFROY SAINT-HILAIRE.

Animaux utiles (Acclimatation et domestication des), par I. Geoffroy Saint-Hilaire, président de la Société d'acclimatation. 4ᵉ édition. 1 beau vol. in-8 de 534 pages et 47 gravures. . . . .   9 »

GOUX.

Race bovine garonnaise, par Goux. 1 vol. in-8 de 80 pages.   1 50

GUYTON.

Ferrure de Miles (Exposé analytique de la), par le Dʳ Guyton. In-8 de 16 pages et 1 pl. . . . .   1 »

HAYS (DU).

Cheval percheron, par du Hays (Bibl. du Cultiv.). 1 vol. de 176 pages. 1 25

Merlerault (Le), ses herbages, ses éleveurs, ses chevaux, par Charles du Hays. 1 vol. in-18 de 182 pages. . . . .   3 »

HEUZÉ (G.).

Porc (Le), par Gustave Heuzé, membre de la Société impériale et centrale d'agriculture de France. 1 volume in-12 de 334 pages avec 56 gravures. 3 50

JACQUE (Ch.).

Poulailler (Le), par Ch. Jacque. 2ᵉ édit. 1 vol. in-12 et 120 g.   3 50

JUILLET.

Chevaline (Emancipation de l'industrie), par Juillet. 1 brochure in-8 de 48 pages. 1 50

LAMORICIÈRE (Général DE).

Chevaline (De l'espèce) en France, par le général de Lamoricière. 1 vol. in-4 de 312 pages et 3 cartes coloriées. 3 50

LEFOUR.

Animaux domestiques, par Lefour (Bibl. du Cultiv.). 1 vol. in-18 de 162 pages et 57 grav. 1 25

Cheval, âne et mulet, par Lefour (Bibl. du Cult.). 1 vol. de 180 p. et 141 gravures. 1 25

Mouton (Le), par Lefour, ancien inspecteur général de l'agriculture. 1 vol. in-18 de 390 p. et 76 grav. 3 50

Race flamande, par Lefour. 1 volume in-4 de 216 pages, avec 114 gravures noires et 4 planches coloriées. (Édition de l'Imprimerie impériale.).   20 »

MAGNE.

Vaches laitières (Choix des), par Magne (Bibl. du Cultiv.). 144 pag.
et 39 gravures. 1 25

MILLET-ROBINET (Mme).

Basse-cour, pigeons et lapins, par Mme Millet (Bibl. du Cultiv.).
4e édit. 180 pages et 31 gravures. 1 25

PEILLARD.

Fer élastique (Le). Ferrure physiologique, par C. Peillard. 1 vol. in-12
de 130 p. et 30 grav. . . . . 2 »

RAUCH.

**Vétérinaires (Nécessité d'encourager l'établissement
des)** dans les campagnes. 36 p. in-18, par Rauch. . . . . . » 50

SAIVE (DE).

Inoculation du bétail pour prévenir la péripneumonie, par le docteur de Saive. 100 pages in-8. . . . . 2 50

SALLE.

**Méthode pratique pour aider à la connaissance rapide
de l'âge du cheval**, par Salle, vétérinaire militaire. Tableau circu-
laire mobile, cartonné. . . . . 5 »

SANSON.

Bétail (Économie du), par Sanson. 4 vol. in-18 et plus de 150 grav.
Prix de chaque volume. 3 50

1er VOL. — Organisation et fonctions physiologiques, hygiène.	3e VOL. — Applications : cheval, âne, mulet.
2e VOL. — Principes généraux de la zootechnie.	4e VOL. — Applications : bœuf, mouton, chèvre, porc.

Chaque volume se vend séparément.

Maréchalerie (La). Ferrure des animaux domestiques,
par Sanson. 1 vol. in-12 de 180 pages, 27 grav. (Bib. du Cult.) 1 25

Médecine vétérinaire (Notions usuelles de), par Sanson
(Bibl. du Cultiv.). 1 vol. de 180 pages et 13 gravures. . . . 1 25

Moutons (Les), par Sanson. 1 vol. de 180 pages et 56 gravures. 1 25

SEGOUIN.

**Lapins (Nouveau traité pratique de l'éducation des di-
verses espèces de)**, par Segouin. 58 pages in-12. . . . . » 50

VERHEYEN.

Médecine vétérinaire (Manuel de), par Verheyen. 2 volumes
de 392 pages. 2 50

VIAL.

Engraissement du bœuf, par Vial (Bibl. du Cultiv.). 1 vol. in-18
de 180 pages et 12 gravures. 1 25

VIAL (A.).

Traité d'hippologie. Connaissance pratique du cheval, par A. Vial.
1 vol. in-8 de 319 pages et 73 gravures. 7 50

VILLEROY.

Bêtes à cornes (Manuel de l'Éleveur de), par Villeroy (Bibl.
du Cultiv.). 300 pages et 60 gravures. 1 25

Bêtes à laine (Manuel de l'Éleveur de), par F. Villeroy, cultivateur au Rittershof (Bavière rhénane). 1 v. de 335 p. et 54 gr. 3 50

Chevaux (Manuel de l'éleveur de), par Félix Villeroy. 2 vol.
in-8 avec 121 gravures. (Types des principales races.) . . . . 12 »

ARBORICULTURE — HORTICULTURE — BOTANIQUE

Almanach du jardinier, par les rédacteurs de la **Maison rustique.** 192 pages et 55 gravures.......................... » 50
Une nouvelle édition de cet Almanach est publiée chaque année.

ANDRÉ.

Plantes de terre de bruyère. Rhododendrons, Azalées, Camellias, Bruyères, Ipacris, etc., par Ed. André. 1 vol. in-18 de 388 pages avec 30 gravures.......................... 3 50

BARON.

Arbres fruitiers (Nouveaux principes de la taille des), par Baron. 1 vol. in-8 de 142 pages et 23 gravures.......... 3 50

BENGY-PUYVALLÉE (DE).

Pêcher (Culture du), par Bengy-Puyvallée. 2ᵉ édition. 1 volume in-18.......................... 3 50

BERLÈSE.

Camellia, par l'abbé Berlèse. 5ᵉ édition. Culture et description de 180 variétés nouvelles. 1 vol. in-8 de 340 pages.......... 5 »

BONCENNE.

Jardinage pour tous (Traité de), par Boncenne. 2ᵉ édition. 1 v. in-12 de 440 pages.......................... 2 50

BON JARDINIER (LE).

Bon Jardinier (Le), par POITEAU, VILMORIN, BAILLY, DECAISNE, NEUMANN, PÉPIN. 1,650 pages in-12.......................... 7 »
Une nouvelle édition du *Bon Jardinier* est publiée chaque année.
Cet ouvrage a été couronné par la Société impériale d'horticulture.

Bon Jardinier (Gravures du), 22ᵉ édit. 1 vol. in-12 de 648 pag. avec 680 grav. et planches.......................... 7 »

BOSSIN.

Reine-Marguerite et ses variétés, par Bossin. In-12 de 48 p. » 50

BRAVY.

Arbres fruitiers (Culture des), par Bravy. 2ᵉ éd. 86 p. in 12. » 75

CARRIÈRE.

Arbre généalogique du groupe pêcher. 1 v. in-8. 104 p. 3 »

Encyclopédie horticole, par E. A. Carrière. In-12 de 558 p. 3 50

Entretiens familiers sur l'horticulture, par Carrière. 1 vol. in-12 de 384 pages.......................... 3 50

Jardinier-multiplicateur (Guide pratique du), ou art de propager les végétaux par semis, boutures, greffes, etc., par E.-A. Carrière. 2ᵉ édition. 1 vol. in-18 de 416 pages et 85 gravures..... 3 50

Pépinières, par Carrière (Bibl. du Jard.). 148 pages et 30 grav. 1 25

Production et fixation des variétés dans les végétaux, par Carrière. 1 vol. in-8 à 2 colonnes de 72 pages avec 13 gravures sur bois et 2 planches coloriées.......................... 2 50

Céris (De).

Jardins et parcs, par de Céris (Bibl. du Jard.). 1 vol. in-18 avec 60 gravures. 1 25

Decaisne et Naudin.

Manuel de l'amateur de jardins. Traité général d'horticulture. Ire partie : Principes de botanique et de physiologie végétale ; — IIe partie : Culture des plantes d'agrément de plein air et d'appartements. Prix de chaque partie. 7 50

L'ouvrage se composera de quatre parties.

Dumas (A.).

Culture maraîchère pour le midi de la France, contenant le calendrier horticole par A. Dumas, jardinier-chef. 2e édition, 1 vol. in-18 de 144 pages. (Bibliothèque du Jardinier.) 1 25

Duvillers.

Parcs et jardins (Les), créés et exécutés par F. Duvillers, architecte paysagiste, paraissant par livraisons de deux planches in-folio avec texte. Prix de chaque livraison. . . . . 5 »

Gaudry.

Arboriculture (Cours pratique d'), par Gaudry. 1 vol. in-12 de 304 pages.. . . . . 2 25

Grin.

Le pincement court ou pincement des feuilles. Méthode de direction des arbres et notamment du pêcher. In-18 de 62 pages. (Bibliothèque du Jardinier.).. . . . . 1 25

Hardy.

Arbres fruitiers (Taille et greffe des), par Hardy. 6e édition. 1 vol. in-8 et 122 gravures. 5 50

Hérincq.

Plantes, arbres et arbustes (Manuel général des). Description et culture de 25,000 plantes indigènes d'Europe ou cultivées dans les serres, par MM. Hérincq et Jacques, ex-jardiniers en chef du domaine royal de Neuilly, pour les trois premiers volumes, et Duchartre, pour le quatrième volume. — 4 vol. petit in-8 à 2 colonnes. . . . . 36 »

Huard du Plessis.

Noyer (Le). Traité de sa culture, suivi de la fabrication des huiles de noix, par Huard du Plessis. 2e édition. 1 vol. in-18 de 175 pages et 45 gravures. (Bibliothèque du Cultivateur.). 1 25

Jacquin.

Melon (Monographie complète du), par Jacquin aîné. 1 vol. in-8 de 200 pages et 33 planches sur acier. Prix. . . . . 5 »

Jamin et Durand.

Catalogue raisonné des arbres fruitiers, cultivés chez Jamin et Durand. 56 pages in-8. . . . . 1 50

Jardins, etc.

Jardins (Traité de la composition et de l'ornementation des). 6e édition. 2 vol. in-4 oblong avec 168 planches gravées. 25 »

P. Joigneaux.

Conférences sur le jardinage (légumes et fruits). 2e édit., par Joigneaux (Bibl. du Jard.). 152 pages. 1 25

Le jardin potager, par P. Joigneaux, ouvrage illustré de 95 dessins en couleur, intercalés dans le texte. 1 beau vol. in-18 de 442 pages. . . . . 6 »

LABOURET.

Cactées (Monographie de la famille des), suivie d'un **Traité complet de culture** et d'une table alphabétique de toutes les espèces et variétés, par Labouret. 1 vol. in-12 de 732 pages. . . . 7 50

Cet ouvrage a été couronné par la Société impériale d'horticulture.

LACHAUME.

Pêchers en espaliers (Conduite et taille des), par Lachaume. 1 vol. in-18 de 212 pages et 40 gravures. . . . . 2 »

Poiriers et pommiers (Méthode élémentaire pour tailler et conduire les), par Lachaume. 1 volume in-18 de 285 pages et 49 gravures. 2 50

LAHAYE.

Maladies organiques des arbres fruitiers, des causes et des moyens de les prévenir, par Lahaye. 1 br. in-8 de 44 pages. . . 1 50

LEBOIS.

Chrysanthème (Culture du), par Lebois. 36 pages in-12. . . » 75

LECOQ.

Botanique populaire, par Henri Lecoq, professeur à la Faculté des sciences de Clermont-Ferrand. 1 vol in-18 de 408 p. et 215 grav. 3 50

Fécondation naturelle et artificielle des végétaux et hybridation, par Henri Lecoq. 1 vol. in-8 de 428 pages et 106 gravures. 7 50

LE MAOUT.

Flore élémentaire des jardins et des champs, avec des Clefs analytiques conduisant promptement à la détermination des Familles et des Genres, et un Vocabulaire des termes techniques; par Le Maout et Decaisne, de l'Institut, professeur de culture au Jardin des Plantes de Paris. 2 vol. petit in-8 de 940 pages. . . . . 9 »

LEROY (André).

Catalogue de André Leroy (d'Angers). 1 v. in-8 de 140 p. 1 »

LEROY (Louis).

Catalogue général des arbres fruitiers et d'ornement de Louis Leroy (d'Angers). 1 vol. in-8 de 145 pages. . . . . . 1 »

LIRON (DE) D'AIROLLES.

Catalogue des arbres à fruits, cultivés dans les pépinières des Chartreux de Paris, en 1775. 1 brochure in-18 de 82 pages, publiée par de Liron d'Airolles. . . . . 2 »

Essais sur la botanique, la physiologie végétale et sur les phénomènes de la végétation, de la reproduction et de l'hybridation, in-8. . . 2 50

Poiriers (Les) les plus précieux parmi ceux qui peuvent être cultivés à haute tige ; par de Liron d'Airolles. 2ᵉ édit. 1 vol. in-8 avec pl. 2 »

LOISEL.

Asperge. Culture, par Loisel (Bibl. du Jard.). 2ᵉ édition. 108 pages et 8 gravures. 1 25

Melon. Culture, par Loisel (Bibl. du Jard.). 5ᵉ édition. 108 pages et 7 gravures. 1 25

Marx-Lepelletier.

Rosier — Violette — Pensée — Primevère — Auricule — Balsamine — Pétunia — Pivoine, par Marx-Lepelletier (Bibl. du Jard.). 108 pages 1 25

Ménet.

Arboriculture (Traité élémentaire et pratique d'), par Ménet. 1 vol. in-8 de 78 pages et 17 planches 2 50

Morel.

Orchidées (Culture des). Instructions sur leur récolte, expédition et mise en végétation, et liste descriptive de 550 espèces et variétés, par Morel, vice-président de la Société impériale d'horticulture. 1 v.   5 »

Naudin.

Potager (Le), jardin du cultivateur, par Naudin (Bibl. du Jardinier). 187 pages, 31 gravures 1 25

Serres et orangeries de plein air, par Ch. Naudin. 32 pages in-8 . . . . » 75

Neumann.

Serres (Art de construire et de gouverner les), par Neumann; 1 volume in-4 oblong, renfermant 83 planches. . .   7 »

Noisette.

Jardinier (Manuel complet du), par Louis Noisette. 4 vol. in-8 et un supplément formant ensemble 2170 pages et 25 planches. 25 »

Pirolle.

Dahlia, par Pirolle (Bibl. du Jard.). 1 vol. in-18 de 148 pages. 1 25

Ponsort (De).

Pensée (Culture de la), par le baron de Ponsort (Bibl. du Jard.). 1 volume de 108 pages 1 25

Préclaire.

Arboriculture (Traité théorique et pratique d'), par Préclaire. 1 vol. in-8 de 178 pages et 1 atlas in-4 de 15 planches. .   5 »

Puvis.

Arbres fruitiers. Taille et mise à fruit, par Puvis. (Bibl. du Jard.) 2e édit. 167 pages 1 25

Puydt (De).

Plantes de serre froide, par de Puydt (Bibl. du Jard.). 157 pages et 15 gravures 1 25

Rafarin.

Serres (Chauffage des), par Rafarin. 1 vol. in-8, 26 grav. 3 50

Raoul.

Arboriculture (Manuel pratique d'), par l'abbé Raoul. 1 vol. in-18 de 264 pages et 10 gravures 2 50

Rémy.

Champignons et truffes, par Jules Rémy. 1 vol. in-18 de 172 pages et 12 planches coloriées 3 50

Jardinier des fenêtres (Le), des appartements et des petits jardins, par J. Rémy. 1 v. in-18 de 280 pages et 40 gravures. 4e édition 3 50

Riondet.

Olivier (L'), par A. Riondet, agriculteur à Hyères, in-18 jésus, de 159 pages. (Bibliothèque du Cultivateur). 1 25

Robaux.

Indicateur horticole à l'usage des amateurs et des jardiniers, par Robaux. 1 brochure in-8. . . . . 1 »

Thibaut.

Pelargonium, par Thibaut (Bibliothèque du Jardinier). 2ᵉ édit. 108 p. et 10 gr. 1 25

VIGNE — BOISSONS — DISTILLATION — SUCRE

Carrière.

Vigne (La), par Carrière. 1 vol. in-18 de 396 p. et 121 grav. 3 50

Clément Prieur.

Étude sur la viticulture et sur la vinification dans le département de la Charente. In-8 de 163 pages. . . 2 »

Collignon d'Ancy.

Vigne. Nouveau mode de culture et d'échalassement; par Collignon d'Ancy. 1 vol. in-8 de 200 pages et 3 planches. . . . . 3 »

Garnier.

Vigne (Théorie pour l'amélioration de la culture de la), par Garnier. 1 vol. in-8 de 192 pages. . . . . 2 »

Guérin-Menneville.

Maladie des vignes (La). Br. in-12 de 55 pages. . . . . » 50

Guyot (Jules).

Vigne (Culture de la) et vinification, par le Dr Jules Guyot. 2ᵉ édition. 1 volume in-12 de 426 pages et 30 gravures.. . . . 3 50

Viticulture dans la Charente-Inférieure, par le docteur Guyot. 1 volume in-8 de 60 pages. 2 50

Viticulture dans l'est de la France, par le docteur Guyot. 1 volume in-18 de 204 pages et 46 gravures. 3 50

Viticulture du sud-ouest de la France, par le docteur Guyot. 1 volume in-8 de 248 pages et 89 gravures. 4 50

Heuzé.

Vignes malades (Traitement des), rapport adressé au ministre de l'intérieur par Gustave Heuzé. In-8 de 72 pages . . . . 1 »

Jobard-Bussy.

Vigne (Perfectionnement de la plantation de la), par Jobard-Bussy. 1 volume in-8 de 102 pages et 1 planche. 1 50

Laliman.

Vigne (Taille de la) à cordons, vignes et vins étrangers, par Laliman. 1 brochure in-8 de 52 pages. 1 25

Le Canu.

Étude sur les raisins, leurs produits et la vinification, in-8 de 31 pages. . . . . 1 »

Leusse (De).

Distillation agricole de la pomme de terre, des topinambours, etc., etc., par le comte de Leusse. 1 vol. in-18 de 154 pages. . . . . 2 »

Machard.

Vins (Traité pratique sur les), par Machard. 4e édition. 1 vol. in-18 de 359 pages. 3 50

Martin (De).

Appareils vinicoles (Les) en usage dans le midi de la France. In-8 de 118 pages. . . . . 2 »

Michaux (A.).

Échalas (Plus d'). Échalas, paisseaux et lattes remplacés par des lignes de fil de fer mobiles, par A. Michaux, de l'Institut. 18 pages et 1 planche. . . . . » 40

Odart.

Ampélographie universelle, ou Traité des cépages les plus estimés, par le comte Odart. 5e édit. 1 vol. in-8 de 650 pages. . 7 50

Vigneron (Manuel du), par le comte Odart. 3e édition. 1 vol. in-12 de 360 pages. 4 50

Robinet (fils).

Vins (Manuel pratique et élémentaire d'analyse des), par Ed. Robinet fils. 1 vol. in-8 de 136 pages et 2 planches. . 3 »

Seillan.

Vins du Gers, par Seillan. 11 pages in-4 et 1 carte. . . . . 1 »

Terrel des Chênes.

Vins (Pourquoi nos) dégénèrent, par Terrel des Chênes. 1 brochure in-8 de 48 pages. . . . . 1 »

Vergne (De la).

Soufrage de la vigne (Instruction pratique sur le), par de la Vergne. 1 vol. in-18 de 82 pages et 1 planche. 1 50

Vergnette-Lamotte.

Vin (Le), par de Vergnette-Lamotte, correspondant de l'Institut. 1 vol. in-18 de 384 pages avec 3 planches en couleur et 29 gr. noires. 3 50

Vignial.

Vigne (Hygiène de la), par Vignial. Moyen de lui rendre la santé sans le secours d'aucun remède. Une brochure in-8 de 39 pages et 4 planches, 2e édition. . . . . 2 »

Winckler.

Revue synoptique des principaux vignobles de l'univers. In-folio de 32 pages ou tableaux. . . . . 3 »

ABEILLES — MURIERS — SOIE — VERS A SOIE

BASTIAN (F.)

Abeilles (Les). Traité d'apiculture rationnelle et pratique, par F. Bastian. 1 vol. in-18 orné de 49 gravures. 3 50

BLAIN.

Ver à soie du chêne (Notice pratique pour servir à l'éducation du), par Blain. 1 brochure in-18 de 20 pages. .   1 »

BOULLENOIS (DE).

Vers à soie (Conseils aux nouveaux éducateurs de), par de Boullenois. 2ᵉ édit. 1 vol. in-8 de 224 pages et 2 planches.   3 50

BOYER et LABAUME.

Mûrier (Culture du), par Boyer et Labaume. 150 p., 3 pl. .   3 »

CHABOD.

Magnanerie (La petite), ou Manuel de l'éducation pratique et raisonnée des vers à soie, par Chabod fils. 1 br. in-18 de 48 p. . .   1 25

CHARREL.

Mûrier (Manuel du cultivateur de), par Charrel, pépiniériste, commissaire-instructeur à la culture du mûrier, désigné par la Société d'agriculture de Grenoble. 1 vol. in-8 de 268 pages. 1 75

CHAVANNES (DE).

Mûrier. Manière de cultiver le mûrier avec succès dans le centre de la France, par de Chavannes. 1 vol. in-8 de 130 pages. 1 25

DEBEAUVOYS.

Apiculteur (Guide de l'), par Debeauvoys. 6ᵉ édition. 1 vol. in-12 de 340 pages, avec figures. 2 50

DUSEIGNEUR.

Cocons et graines d'Italie, par Duseigneur. 16 pag. in-8.   1 »

GIRARD (Maurice).

Entomologie appliquée. Les insectes utiles (vers à soie et abeilles) et les insectes nuisibles, par Maurice Girard, président de la Société entomologique de France. in-8 de 39 pages. 1 50

GIVELET.

Ailante et son bombyx (L'). Culture de l'ailante, éducation du ver que cet arbre nourrit, valeur et emploi de la soie qu'on en tire, par Henri Givelet. Ouvrage orné de plusieurs plans et de 14 planches coloriées. . . . .   5 »

GUÉRIN-MENNEVILLE.

Muscardine, par Guérin-Menneville. In-8 de 186 pages. . . .

LEFÈVRE (EM.).
Abeilles à propos de la ruche Krug (Les), par Émile Lefèvre. 1 vol. in-18 de 72 pages. . . . . » 75

MASQUARD (EUG. DE).
**Maladies des vers à soie (Les). Causes, nature et moyens
de les prévenir**, par M. Eugène de Masquard. 1 vol. in-8 d'environ
300 pages. L'ouvrage se compose de 3 parties. 1re partie, historique.
2e partie, théorie. 3e partie, pratique. Prix de l'ouvrage complet. 3 50
En vente : 1re partie et documents. 1 75

PERSONNAT.
Ver à soie du chêne (Conférence sur le), (Bombyx Yama-maï);
par Camille Personnat, donnée au Palais de l'Industrie de Paris, le 28
août 1865. . . . . 1 »

**Ver à soie du chêne (Le) à l'Exposition universelle de
1867.** Insectes utiles vivants. Br. in-8 avec grav. . . . . 1 »

Ver à soie du chêne (Le), bombyx Yama-maï, son histoire, son acclimatation, son éducation, ses produits, par Camille Personnat. 4e éd.,
1 vol. in-8 avec 3 planches coloriées. . . . . 3 »

ROUX.
Vers à soie (Les), par J.-F. Roux. 1 vol. in-12 de 245 pages. 1 25

SAGOT.
Petit traité spécial de la culture des abeilles avec l'aumô-
nière ruche à cadres et greniers mobiles, par l'abbé Sagot. In-18, fig. 1 »

SOCIÉTÉ SÉRICICOLE.
Société séricicole (Annales de la), pour la propagation et l'a-
mélioration de l'industrie de la soie. 15 vol. grand in-8 et 15 planches.
La collection complète. . . . . 175 »

BOIS — FORÊTS — CHARBON

ARBOIS DE JUBAINVILLE (D').
Assolements forestiers (Utilité des), par d'Arbois de Jubainville. 1 brochure in-8 de 48 pages . . . . 2 »

Balivage (Règlement du) dans une forêt particulière, par d'Arbois de Jubainville. 1 brochure in-8 de 64 pages. . . . . 2 »

Défrichement des forêts (Manuel du), par d'Arbois de Jubainville. 1 vol. in-8 de 184 pages. 4 50

Taillis sous futaie (Recherches sur les), par d'Arbois de Jubainville. In-8 de 57 pages et 2 pl. . . . . 2 »

Vente des forêts de l'État (Observations sur la), par d'Arbois de Jubainville. Br. in-8. . . . . » 50

BURGER.
Chêne de marine (Principes de culture du), par Burger.
1 brochure in-8 de 64 pages. 1 50

CLAVÉ.
Économie forestière (Études sur l'), par Jules Clavé. 1 vol.
in-18 de 380 pages. 3 50

Courval (De).

Arbres forestiers (Conduite et taille des), par le vicomte de
Courval. 1 brochure in-8 de 110 pages et 15 planches. . . . . 3 »

Dubois.

**Charrue forestière, travaux de reboisement exécutés
dans le Blésois**, par Dubois. 1 brochure in-8 de 84 p. . 2 »

Futaies de chêne (Considérations culturales sur les),
par Dubois. 1 brochure in-8 de 42 pages. 1 50

Grandvaux.

Reboisement des montagnes de France, par Grandvaux.
1 volume in-8 de 50 pages. . . . . » 75

Gurnaud.

Bois de l'État et la dette publique (Les), par Gurnaud.
1 brochure de 16 pages. . . . . » 75

Forêts de l'État (Conserver les) et réaliser le matériel surabon-
dant, par Gurnaud. 1 brochure in-8 de 64 pages. . . . . . . 2 »

Forêts (Mémoire sur la gestion des), par Gurnaud. 1 brochure
in-8 de 32 pages. 1 50

Joubert.

Reboisement de la France (Du), par Joubert. In-8. . . 1 50

Lyon.

**Éléments de procédure correctionnelle à l'usage des
agents forestiers.** In-8 de 27 pages. . . . . 1 »

Moitrier.

Osier (Culture de l'), et art du vannier, par Moitrier. 2ᵉ édition.
60 pages et 3 planches. 2 50

Nanquette.

Cours d'aménagement des forêts, professé à l'École impériale
forestière, par H. Nanquette. 1 volume in-8 de 327 pages. . . 6 »

Ribbe (De).

Provence (La), au point de vue du bois, des torrents et des inondations ; par de Ribbe. 1 vol. in-8 de 200 pages. . . . . 3 »

Rousset.

Études de maître Pierre sur l'agriculture et les forêts,
par Antonin Rousset. 1 volume in-18 de 92 pages. . . . . . 1 »

Samanos.

Pin maritime (Culture du), par Eloi Samanos. 1 volume in-8 de
150 pages et 4 planches. . . . . 3 »

Thomas.

**Bois (Traité général de la culture et de l'exploitation
des)**, par Thomas. 2 volumes in-8. . . . . 10 »

ÉCONOMIE DOMESTIQUE — CUISINE

Bréviaire des gastronomes. Aide-mémoire pour ordonner les repas. 1 volume in-16 cartonné de 186 p. . . . . 2 »

Cuisinière de la campagne et de la ville (La), par L. E. A. 1 volume in-12 avec figures. 42ᵉ édition. . . . . 3 »

DELAMARRE.

Vie à bon marché (La), par Delamarre, député de la Somme. Le pain, la viande, les transports. 2ᵉ édit. 1 vol. in-12 de 708 p. . 3 50

EMION (V.).

Taxe (La) du pain, par Victor Emion, avec préface par Borie. 1 vol. in-8 de 108 pages. . . . . 4 fr.

LECLERC.

Caisse d'épargne et de prévoyance. Lettres à un jeune laboureur par Louis Leclerc. 3ᵉ édition. In-12 de 60 pages. . . . » 25

MARTIN (DE).

Fromages (Études sur la fabrication des), fermentation caséique. Grand in-8 de 60 pages. 4 50

MICHAUX (Mᵐᵉ).

La cuisine de la ferme par Mᵐᵉ Marceline Michaux. 1 vol. in-18 de 180 pages. (Bibliothèque du Cultivateur.) 1 25

MILLET-ROBINET (Mᵐᵉ).

Bon domestique (Le), par Mᵐᵉ Millet-Robinet. 1 volume in-12 de 204 pages. . . . . 2 »

Conseils aux jeunes femmes, par Mᵐᵉ Millet-Robinet. 1 vol. in-18 de 284 pages et 30 gravures 3 50

Économie domestique, par Mᵐᵉ Millet-Robinet. (Bibl. du Cultiv.). 3ᵉ édition. 245 pages et 78 gravures 1 25

Maison rustique des dames, par Mᵐᵉ Millet-Robinet. 2 volumes in-12, avec 250 gravures, 6ᵉ édition 7 75

Cet ouvrage est divisé en quatre parties :

TENUE DU MÉNAGE	MÉDECINE DOMESTIQUE
Travaux. — Repas. — Comptabilité — Dépenses. — Mobilier. — Linge. — Conserves — Blanchissage.	Pharmacie. — Hygiène. — Maladies des enfants. — Médecine et Chirurgie. — Empoisonnement. — Asphyxie.
CUISINE	JARDIN — FERME
Potages. — Sauces. — Viandes. — Poissons. — Gibier. — Légumes. — Fruits — Purées. — Entremets. — Desserts. — Bonbons.	Jardins, Potagers, Fruitiers, Fleurs, etc. Ferme, Travaux des champs. — Basse-cour, Vacherie, Laiterie. — Bergerie, Porcherie.

SQUILLIER.

Denrées alimentaires (Traité populaire des) et de l'alimentation. 1 vol. in-12 de 432 pages. . . . . 3 »

THOMAS.

Manuel des halles et marchés en gros. Guide de l'approvisionneur, de l'acheteur et des employés aux divers services de l'alimentation de Paris, par Ernest Thomas. 1 vol. in-12 de 316 pages. 3 »

VACCA (E.).

Fromages dits de géromé (Fabrication des), par E. Vacca, professeur de chimie. Brochure in-8. . . . . » 50

VILLEROY.

Laiterie, beurre et fromages, par Villeroy. 1 volume in-18 de 390 pages et 59 gravures. 3 50

JOURNAUX — PUBLICATIONS PÉRIODIQUES

GAZETTE DU VILLAGE

Fondée par VICTOR BORIE

PARAISSANT TOUS LES DIMANCHES

Prix d'abonnement, rendu *franco* à domicile : un an... 6 fr.
— — six mois.. 3 fr. 50

10 centimes le numéro

Ce journal, contenant 8 pages à deux colonnes, format des journaux littéraires illustrés, publie, chaque semaine, des articles ayant pour but de mettre à la portée de toutes les intelligences les notions élémentaires d'économie rurale, les meilleures méthodes de culture, les inventions nouvelles ; de faire connaître les principales industries et les procédés employés par elles ; de populariser les voyages entrepris dans des contrées lointaines ; de raconter la vie des hommes utiles à l'humanité, et de tenir enfin les lecteurs au courant de tout ce qui se passe d'intéressant dans le monde industriel et agricole.

Il donne, en outre, un grand nombre de faits, recettes, procédés divers utiles aux cultivateurs et aux ouvriers.

Une partie du journal, consacrée aux *lectures du soir*, contient un roman choisi avec la sollicitude la plus scrupuleuse.

Instruire et moraliser sans ennui, tel est le programme de la *Gazette du village*.

En vente :
{
1re année 1864............	4 »
2e — 1865............	4 »
3e — 1866............	4 »
4e — 1867............	4 »

On s'abonne à Paris, rue Jacob, 26, en envoyant un mandat de SIX francs sur la poste. (Les frais de ce mandat ne sont que de 6 centimes.)

40ᵉ ANNÉE — 1868

REVUE HORTICOLE

JOURNAL D'HORTICULTURE PRATIQUE

FONDÉE EN 1829 PAR LES AUTEURS DU BON JARDINIER

Rédacteur en chef : E. CARRIÈRE

Chef des pépinières au Muséum d'histoire naturelle

PRINCIPAUX COLLABORATEURS :

D'Airolles, André, Bailly, Baltet, Boncenne, Bossin, Bouscasse, Carbou, Chabert, Chauvelot, Denis, de la Roy, Doumet, du Breuil, Durupt, Ermens, Gagnaire, Glady, Gloede, Groenland, Guillier, Hardy, Houllet, Kolb, Lachaume, de Lambertye, Lecoq, Lemaire, André Leroy, Martins, de Mortillet, Naudin, Neumann, d'Ornous, Pépin, Quetier, Rafarin, Robine, Sisley, Verlot, Vilmorin, etc.

PRIX DE L'ABONNEMENT POUR LA FRANCE ET L'ALGÉRIE

Un an (janvier à décembre) : 20 fr.

La **Revue horticole**, est envoyée *franco*, contre le payement du montant de l'abonnement, d'une des trois façons suivantes :

Envoi d'un mandat sur la poste	Envoi en timbres-poste	Envoi de l'autorisation à MM. les Administrateurs de faire traite
Un an . . . 20 »	Un an . . . 20 80	Un an . . . 20 90
Six mois . . 10 50	Six mois . . 10 50	Six mois . . 11 40

Adresser les mandats de poste, timbres-poste, autorisations de traite, à MM. Bixio et Cⁱᵉ, 26, rue Jacob, à Paris

PRIX DE L'ABONNEMENT D'UN AN POUR L'ÉTRANGER

Franco jusqu'à destination.		*Franco jusqu'à leur frontière.*	
Italie, Belgique et Suisse. . .	20 fr.	Grèce.	23 fr.
Angleterre, Egypte, Espagne, Pays-Bas, Turquie, Allemagne, Autriche.	23	Suède. . . .	23
		Pologne, Russie. . . .	23
Colonies françaises, Montevideo, Uruguay.	25	Buenos Ayres, Canada, Colonies anglaises et espagnoles, Etats-Unis, Mexique. . . .	25
Etats-Pontificaux.	24	Bolivie, Chili, Nouvelle-Grenade, Pérou, Java.	29
Brésil, Iles Ioniennes, Moldo-Valachie.	26		
Portugal.	24		

N. B. — La *Librairie agricole* envoie un numéro spécimen de la *Revue horticole* à toute personne qui lui en fait la demande.

— 32 —

32ᵉ ANNÉE — 1868

JOURNAL

D'AGRICULTURE PRATIQUE

MONITEUR DES COMICES, DES PROPRIÉTAIRES ET DES FERMIERS

(Seconde partie de la *Maison rustique du dix-neuvième siècle*)

Fondé en 1837 par Alexandre Bixio

Rédacteur en chef : E. LECOUTEUX
Propriétaire-Agriculteur
MEMBRE DE LA SOCIÉTÉ IMPÉRIALE ET CENTRALE D'AGRICULTURE DE FRANCE

Secrétaire de la rédaction : M. A. de CÉRIS
Gérant responsable : M. Maurice BIXIO

PRINCIPAUX COLLABORATEURS :

**MM. Boussingault, Brongniart, Combes, H. Deville,
Duchartre, Dumas, Michel Chevalier, Naudin, Payen, Wolowski, etc.,**
Membres de l'Institut,

**MM. Amédée Durand, Béhague (de), Bella, Borie,
Bouchardat, Dampierre, Gayot, Guérin-Menneville, Heuzé,
Kergorlay (de), Magne, Moll, Monny de Mornay (de)
Nadault de Buffon, Reynal, Robinet, Vibraye (de), Vogüé (de), etc.,**
Membres de la Société impériale et centrale d'agriculture,

Et un nombre considérable d'agriculteurs, de savants, d'économistes,
d'agronomes de toutes les parties de la France et de l'étranger.

Ce journal est autorisé à traiter les matières d'économie politique et sociale. Il paraît toutes
les semaines par livraison de 40 pages in-8

FORMANT CHAQUE ANNÉE
DEUX BEAUX VOLUMES ENSEMBLE DE 1,700 PAGES
Avec de belles gravures noires dans le texte

PRIX DE L'ABONNEMENT POUR LA FRANCE ET L'ALGÉRIE

La **Journal d'agriculture pratique** est envoyé *franco* contre le payement du montant de l'abonnement d'une des trois façons suivantes :

Envoi d'un mandat sur la poste	Envoi en timbres-poste	Envoi de l'autorisation à MM. les Administrateurs de faire traite
Un an . . . 20 »	Un an . . . 20 80	Un an . . . 20 90
Six mois . . . 10 50	Six mois . . 10 90	Six mois . . . 11 40

Adresser les mandats de poste, timbres-poste, autorisations de traite, à MM. Bixio et Cᵉ, 26, rue Jacob, à Paris.

PRIX DE L'ABONNEMENT D'UN AN POUR L'ÉTRANGER

Franco jusqu'à destination.		*Franco jusqu'à leur frontière.*	
Italie, — Belgique et Suisse . .	20 fr.	Grèce, — Suède	28 fr.
Angleterre, — Egypte, — Espa-		Pologne, — Russie	32
gne, — Pays-Bas, — Turquie .	25	Buenos Ayres, — Canada, — Co-	
Allemagne, — Autriche, — Por-		lonies anglaises et espagnoles,	
tugal	27	— Etats-Unis, — Mexique . .	
Colonies françaises, — Monte-		Bolivie, — Chili, — Nouvelle-	
video, — Uruguay	30	Grenade, — Pérou, — Java . .	35
Etats-Pontificaux	28		
Brésil, — Iles Ioniennes, —			
Moldo-Valachie	33		

N. B. L'administration envoie un numéro spécimen du *Journal d'agriculture pratique* à toute personne qui lui en fait la demande.

1ʳᵉ *année* 1868

LES

NOUVELLES MÉTÉOROLOGIQUES

PUBLIÉES SOUS LES AUSPICES

DE LA SOCIÉTÉ MÉTÉOROLOGIQUE DE FRANCE

COMMISSION DE RÉDACTION :

MM. Ch. SAINTE-CLAIRE-DEVILLE, président.
MARIÉ-DAVY, secrétaire.
RENOU, LEMOINE, SONREL.

Les Nouvelles météorologiques paraissent le 1ᵉʳ de chaque mois par livraisons de 32 pages.

PRIX DE L'ABONNEMENT POUR LA FRANCE ET L'ALGÉRIE :

Un an : 15 fr.

PRIX DE L'ABONNEMENT D'UN AN POUR L'ÉTRANGER :

Les frais de poste en sus de 15 fr.

On s'abonne à Paris, à la Librairie agricole, rue Jacob, 26, en envoyant un mandat de poste de 15 francs pour la France et les colonies, et les frais de poste en sus pour l'étranger.

ENSEIGNEMENT PRIMAIRE AGRICOLE

BIBLIOTHÈQUE AGRICOLE DES ÉCOLES PRIMAIRES
à **75** centimes le volume

Boncenne.

Horticulture (Cours élémentaire d'), par Boncenne. 2 vol. in-18, formant ensemble 312 pages avec 85 grav. 1 50
Chacun de ces volumes est vendu séparément. . . . . » 75

Borie (V.)

Jeudis de M. Dulaurier (Les), par Victor Borie. 2 vol. in-18 de chacun 126 pages et 40 gravures. 1 50
Chaque volume séparé. . . . . » 75

J. Chalot.

Devoirs de l'homme envers les animaux, par J. Chalot, instituteur. 1 vol. in-16 de 128 pages. 75

Douay (Edm.)

Grammaire française raisonnée, avec exemples agricoles par Edm. Douay. 1 vol. in-18 de 128 pages. . . . . » 75

Alphabet et syllabaire par Edm. Douay. 1 vol. in-16, orné de vignettes . . . . » 75

Heuzé (G.).

Lectures et dictées d'agriculture, revues et annotées par Gustave Heuzé. 1 vol. in-18 de 128 pages. . . . . » 75

Laurençon (C.)

Traité d'agriculture élémentaire et pratique, par C. Laurençon. 2 vol. in-18 avec figures. 1 50

Lefour.

Arithmétique agricole, par Lefour. 1 vol. in-16 de 128 pages, ornées de vignettes . . . . » 75

Ducoudray (G.).

Histoire de France. Simples récits à l'usage des classes élémentaires des lycées, de l'enseignement secondaire spécial, des écoles primaires supérieures, par G. Ducoudray. 1 vol. in-18 de 184 pages, avec 36 gravures coloriées hors texte. 1 50
Cet ouvrage a été admis par la commission des bibliothèques scolaires.
Le même ouvrage, cartonné. 1 75
    —   — toile rouge. . . . . 2 »

BIBLIOTHÈQUE DU CULTIVATEUR

Publiée avec le concours du Ministre de l'agriculture

33 volumes in-18, à 1 fr. 25 le volume

Agriculteur commençant (Manuel de l'), par Schwerz, traduit par Villeroy. 5e édit., 332 pages.. . . . . 1 25
Animaux domestiques, par Lefour. 1 vol. in-18 de 162 pages et 57 gravures.. . . . . 1 25
Basse-cour, pigeons et lapins, par Mme Millet-Robinet, 5e édit., 180 p., 31 gravures. 1 25
Bêtes à cornes (Manuel de l'éleveur de), par Villeroy. 300 pages et 60 gravures.. 1 25
Champs et prés (Les), par Joigneaux, 140 pages. 1 25
Cheval (Achat du), par Gayot. 1 vol. de 180 pages et 25 grav. 1 25
Cheval, âne et mulet, par Lefour. 1 vol. de 176 p. 192 gr. 1 25
Cheval percheron, par du Hays. 176 pages. 1 25
Choux (culture et emploi), par Joigneaux. 1 vol. in-18 de 180 pages et 14 gravures. 1 25
Comptabilité et géométrie agricoles, par Lefour. 214 pages et 104 gravures. 1 25
Constructions et mécaniques agricoles, par Lefour, 216 pages et 151 gravures. 1 25
Cuisine (La) **de la ferme**, par Mme Michaux. 180 pages. . 1 25
Culture générale et instruments aratoires, par Lefour. 1 vol. in-18 de 160 pages et 152 gravures. 1 25
Économie domestique, par Mme Millet-Robinet. 3e édit., 245 pages et 78 gravures.. . . . . 1 25
Engraissement du bœuf, p. Vial. 1 v. in-18 de 100 p. et 12 g. 1 25
Fermage (estimation, plan d'amélioration, baux), par de Gasparin, membre de l'Institut, anc. ministre de l'agriculture. 3e éd. 216p. 1 25
Fumiers de ferme et composts, par Fouquet. 2e éd. 176 pages et 19 gravures. 1 25
Fumures et des étendues de fourrages (Les formules des), par Gustave Heuzé. 2e édition, 72 pages. 1 25
Houblon, par Erath, traduit par Nicklès. 136 pages et 22 grav. 1 25
Lièvres, lapins et léporides, par Eug. Gayot. 216 p., 15 g. 1 25
Maréchalerie ou Ferrure des animaux domestiques, par Sanson. 1 vol. de 180 pages et 27 grav. 1 25
Médecine vétérinaire (Notions usuelles de), par Sanson. 1 vol. de 180 pages.. . . . . 1 25
Métayage, par de Gasparin. 2e édition. 162 pages. . . . 1 25
Moutons (Les), par A. Sanson. 1 vol. in-18 de 180 p. et 56 gr. 1 25
Noir animal (Le), par Bobierre. 156 pages et 7 gravures. 1 25
Noyer (La), sa culture, par Huard du Plessis. 2 édit. 1 vol. in-18 de 175 pages et 45 gravures. 1 25
Olivier (L'), par Riondet. 1 vol. de 159 pages. 1 25
Poules et œufs, par E. Gayot. 1 vol. de 208 pages et 35 gr. 1 25
Races bovines, par Dampierre. 2e édit. 196 pages et 28 gr. 1 25
Sol et engrais, par Lefour. 180 pages et 54 gravures . . . 1 25
Tabac (Le), moyens d'améliorer sa culture, par Schlœsing et Grandeau. 1 vol.. . . . . 1 25
Travaux des champs, par Victor Borie. 188 p. et 121 gr. 1 25
Vaches laitières (Choix des), par Magne. 144 p. et 39 gr. . 1 25

BIBLIOTHÈQUE DU JARDINIER

Publiée avec le concours du Ministre de l'agriculture

14 volumes in-18 à 1 fr. 25 le volume

Arbres fruitiers. Taille et mise à fruit, par Puvis, 2e édition. 167 pages. 1 25

Asperge. Culture, par Loisel. 2e édit. 108 p. et 8 grav. . . . 1 25

Conférences sur le jardinage (légumes et fruits) 2e édition, par Joigneaux. 152 pages. 1 25

Culture maraîchère pour le midi de la France, par A. Dumas. 2e édition. 144 pages. 1 25

Dahlia, par Pirolle. 1 vol. in-18 de 148 pages. 1 25

Jardins et parcs, par de Céris. 1 vol. in-18 avec 60 grav. . . 1 25

Melon. Culture, par Loisel. 5e édition. 108 pages et 7 grav. . . 1 25

Pelargonium, par Thibaut. 2e édit. 108 pag. et 10 grav. . . 1 25

Pensée (Culture de la), par le baron de Ponsort. 1 volume de 108 pages. 1 25

Pépinières, par Carrière. 148 pages et 30 gravures. 1 25

Pétunia — Rosier — Pensée — Primevère — Auricule — Balsamine — Violette — Pivoine, par Marx-Lepelletier. 108 pages. 1 25

Pincement court ou **Pincement des feuilles,** 2e édition, par Grin. 1 25

Plantes de serre froide, par de Puydt. 157 p. et 15 grav. . 1 25

Potager (Le), jardin du cultivateur, par Naudin. 187 p., 34 gr. 1 25
Chacun de ces volumes est vendu séparément.

La **Librairie agricole** de la **MAISON RUSTIQUE** publie chaque année un bel **ALMANACH-CALENDRIER** richement exécuté en chromo-lithographie, et contenant au verso un aide-mémoire avec les renseignements indispensables aux cultivateurs, tels que : Travail qu'on peut exiger des attelages, d'un journalier; poids de toutes les denrées; rendements des animaux, etc.

Le prix de l'**ALMANACH-CALENDRIER** pour **1868** est de **2 fr.**

FIN

PARIS. — IMP. SIMON RAÇON ET COMP., RUE D'ERFURTH, 1.

EXTRAIT DU CATALOGUE DE LA LIBRAIRIE AGRICOLE

JOURNAL D'AGRICULTURE PRATIQUE, sous la direction de M. E. Lecouteux. — Une livraison de 40 pages in-4, paraissant chaque semaine, avec de nombreuses gravures noires. — Un an (France et Algérie)............ 20 »

REVUE HORTICOLE, publiée sous la direction de M. Carrière. — Un n° de 24 pages in-4, avec gravures coloriées et gravures noires, paraissant les 1er et 16 du mois. — Un an .... 20 »

BON FERMIER (Le), par Barral et de Céris. 1 vol. in-12 de 1,448 p. et 200 grav. . 7 »

BON JARDINIER (Le), almanach horticole, par MM. Poiteau, Vilmorin, Bailly, Naudin, Neuman, Pepin. 1 vol. in-12 de 1,616 pages et 15 gravures. ...... 7 »

BIBLIOTHÈQUE DU CULTIVATEUR, publiée avec le concours du Ministre de l'agriculture.

EN VENTE : 32 VOLUMES IN-18, A 1 FR. 25 LE VOLUME, SAVOIR :

Agriculteur commençant, par Schwerz, traduit par Villeroy. 1 vol. de 332 pages. . 1 25
Travaux des champs, par Borie. 250 pages et 150 gravures . 1 25
Culture générale et Instruments aratoires, par Lefour. 1 vol. in-18 de 160 pages. 1 25
Fermage (estimation, plans d'améliorations, bail), par de Gasparin. 3e édit. 384 pages. 1 25
Sol et engrais, par Lefour. 170 pages et 312 gravures . 1 25
Métayage (contrats, effets, améliorations), par de Gasparin. 2e édition. 166 pages.. 1 25
Fumiers de ferme et composts, par Fouquet. 2e édit. 270 pages et 19 gravures. 1 25
Noir animal, par Bobière. 156 pages et 7 gravures. 1 25
Champs et prés (Les), par Joigneaux. 140 pages. 1 25
Cheval percheron, par du Hays. 176 pages. 1 25
Lièvres, lapins et léporides, par A. Gayot. 216 pages, 15 gravures. 1 25
Choux, culture et emploi, par Joigneaux. 1 vol. de 180 pages et 7 gravures. 1 25
Houblon, par Enatu, traduit de l'allemand par Nicklès. 128 pages et 22 gravures. 1 25
Animaux domestiques, par Lefour. 1 vol. in-18 de 162 pages et 57 gravures. 1 25
Cheval, âne et mulet, par Lefour. 1 vol. de 162 pages et 134 gravures. 1 25
Cheval (Achat du), par Gayot. 1 vol. de 216 pages et 25 gravures. 1 25
Choix des vaches laitières, par Magne. 3e édition. 144 pages et 50 gravures. 1 25
Races bovines, par le marquis de Dampierre. 2e édition. 192 pages et 28 gravures. 1 25
Bêtes à cornes, par Villeroy. 5e édition. 300 pages et 10 gravures. 1 25
Engraissement du bœuf, par Vial. 1 vol. in-18 de 180 pages. 1 25
Basse-cour. — Pigeons. — Lapins, par Mme Millet-Robinet. 5e éd. 180 p., 31 gr. 1 25
Poules et œufs, par E. Gayot. 1 vol. in-18 de 216 pages et 35 gravures. 1 25
Médecine vétérinaire (Notions usuelles de), par Sanson. 1 vol. de 180 pages. 1 25
Économie domestique, par Mme Millet-Robinet. 3e édition. 324 pages et 106 grav. 1 25
Constructions et mécaniques agricoles, par Lefour. 216 pages et 151 gravures. 1 25
Comptabilité et géométrie agricoles, par Lefour. 204 pages et 104 gravures. 1 25
Cuisine de la ferme (La), par Mme Marceline Michaux. 1 vol. in-18, jésus, de 180 pages. 1 25
Noyer (Le), sa culture, par Huard-Duplessis. 2e éd. 1 v. in-18 de 175 p. et 45 gr. 1 25
Olivier (L'), par Rionfet. 1 vol. de 139 pages. 1 25
Maréchalerie (La) ou ferrure des animaux domestiques, par Sanson. 180 p., 27 grav. 1 25
Formules des fumures (Les), par G. Heuzé. 1 vol. in-18. 2e édit. revue et augmentée. 1 25
Moutons (Les), par A. Sanson. 1 vol. in-18 de 180 pages et 55 gravures. 1 25

CHACUN DE CES VOLUMES EST VENDU SÉPARÉMENT, 1 FR. 25 C.

BIBLIOTHÈQUE DU JARDINIER, publiée avec le concours du Ministre de l'agriculture.

EN VENTE : 14 VOLUMES IN-18 A 1 FR. 25 LE VOLUME, SAVOIR :

Arbres fruitiers (taille et mise à fruit), par Puvis. 2e édit. 220 pages. 1 25
Pépinières, par Carrière. 144 pages et 16 gravures. 1 25
Conférences sur le jardinage, par Joigneaux. 100 pages et 12 grands tableaux. 1 25
Potager (Le), par Charles Naudin. 188 pages et 34 gravures 1 25
Asperge (culture naturelle et artificielle), par Loisel. 2e édit. 108 pages et 6 grav. 1 25
Melon (culture sous cloches, sur buttes et sur couches), par Loisel. 3e éd. 112 pag. 1 25
Dahlia (bouture, taille, multiplication), par Pirolle. 148 pages. 1 25
Pélargonium, par Thibaut. 2e édit. 108 pages et 10 gravures.. 1 25
Plantes de serre froide, par de Puydt. 158 pages et 15 gravures. 1 25
Rosier. — Violette. — Pensée. — Primevère. — Auricule. — Balsamine. — Pétunia. — Pivoine, Espèces, Culture, Variétés, par Marx-Lepelletier. 104 pages. 1 25
Parcs et jardins, par de Céris. 1 vol. in-18. 60 gravures. 1 25
Pensée (Culture de la), par le baron de Ponsort. 108 pages. 1 25
Culture maraîchère (La) pour le Midi de la France, par A. Dumas. 2e édit., 144 pages. 1 25
Pincement court (Le) ou pincement des feuilles, notamment du pêcher, par Grin. 2e édit. revue et augmentée. 1 25

CHACUN DE CES VOLUMES EST VENDU SÉPARÉMENT, 1 FR. 25 C.

PARIS. — IMP. SIMON RAÇON ET COMP., RUE D'ERFURTH, 1.